2

archivio di logica e filosofia della matematica

Bernays, Kreisel, Montague,
Mostowski, Skolem, Ullian, Zermelo

IL PARADISO DI CANTOR

Il dibattito sui fondamenti della teoria degli insiemi

a cura di Carlo Cellucci

BIBLIOPOLIS

INDICE

INTRODUZIONE

Si usa ripetere, quasi fosse un luogo comune, che non esiste progresso in filosofia. Eppure basta confrontare gli scritti di filosofia della matematica degli anni trenta, o anche più recenti, con quelli attuali per rendersi conto che un progresso, almeno nel senso di una maggiore consapevolezza e chiarezza concettuale, c'è stato effettivamente. A ciò hanno contribuito soprattutto gli scritti, e ancor più spesso l'influenza diretta, di K. Gödel e G. Kreisel.

Tale progresso è particolarmente evidente nel caso della filosofia della teoria degli insiemi. Si considerino, ad esempio, le analisi e le valutazioni di Gentzen [Ge1], [Ge2] o di Bernays [Be1], che stabiliscono un legame abbastanza stretto tra i principi platonistici e i paradossi della teoria degli insiemi. I primi, e in particolare l'uso che essi giustificano di totalità infinite attuali, sarebbero responsabili dei secondi.

Ora, è chiaro che non esiste alcuna speciale relazione tra i paradossi e l'infinità degli insiemi. Consideriamo, ad esempio, il paradosso di Russell, che si ottiene prendendo nell'assioma di comprensione

$$\bigwedge P \bigvee x \bigwedge y\,(y \in x \leftrightarrow P(y)) \qquad (*)$$

come $P(y)$ la condizione $\neg\, y \in y$: se x è un insieme che soddisfa $\bigwedge y\,(y \in x \leftrightarrow \neg\, y \in y)$, allora vale anche $x \in x \leftrightarrow \neg\, x \in x$, che è una contraddizione. Evidentemente il paradosso sorge egualmente se in (*) si restringono tutte le variabili per insiemi agli insiemi finiti. Più in generale è fuor di luogo cercare l'origine dei paradossi nei principi della concezione platonista della teoria degli insiemi. In base ad essi gli insiemi dell'uso matematico sono enti extramentali esistenti fuori di noi con lo stesso carattere di necessità degli enti della realtà fisica, in cui ci imbattiamo e che scopriamo esattamente nello stesso senso in cui questi ultimi vengono scoperti dai fisici. Ma gli insiemi dell'uso matematico sono sempre degli *insiemi di* qualcosa (numeri naturali, punti, ecc.), cioè sottoinsiemi di una data collezione, e questa nozione, per cui non vale ovviamente (*) ma solo la forma ristretta

$$\bigwedge P \bigwedge z \bigvee x \bigwedge y (y \in x \leftrightarrow y \in z \wedge P(y)), \qquad (**)$$

non dà luogo a paradossi, o per lo meno non ai paradossi del tipo finora noto. È comico, perciò, che in [Ge1] Gentzen, dopo aver giustamente individuato e descritto la nozione di 'insieme di' affermi che in base ad essa la x del paradosso di Russell dev'essere considerata un insieme.

L'identificazione degli insiemi con i sottoinsiemi di collezioni già date, discussa da Zermelo [Z] e più esplicitamente da Gödel [Go2], costituisce il punto di arrivo dell'analisi della nozione platonista di insieme. Più precisamente si parte da una data collezione di individui, per esempio i numeri naturali o anche la collezione vuota, e si considerano successivamente la collezione di tutti i suoi sottoinsiemi, la collezione di tutti i sottoinsiemi della collezione così ottenuta, e così via. Gli insiemi sono allora i membri di tali collezioni (*nozione iterativa di insieme*).

Naturalmente sono state avanzate in passato varie obiezioni contro questa nozione di insieme, o più in generale contro la sua motivazione platonista, che non staremo qui ad esaminare in dettaglio (cfr. [K5] o [Ce2]). Più che intaccare la validità della concezione platonista, esse individuano delle possibili alternative a tale concezione. Tale è il caso, ad esempio, del programma hilbertiano, a cui si ispirano le critiche di Gentzen e Bernays sopra ricordate. Sebbene, come si è visto, queste critiche siano dovute soprattutto a dei malintesi, e si riducano a ben poca cosa una volta che tali malintesi siano stati chiariti, il programma hilbertiano nella forma riveduta attuale costituisce un'importante alternativa, probabilmente l'unica ancora non refutata dagli sviluppi tecnici (cfr. [K1], [K4] o [Ce2]).

Nonostante questo suo intrinseco interesse, stranamente le discussioni attuali sui fondamenti della teoria degli insiemi non si svolgono all'insegna di un confronto tra la concezione platonista e il programma hilbertiano. Gli oppositori della concezione platonista si richiamano piuttosto ad una idea della teoria degli insiemi che riesce loro più congeniale, soprattutto a causa della loro prevalente provenienza matematica. Si tratta della cosidetta concezione astratta della teoria degli insiemi, implicita in [Sk], che assegna a quest'ultima lo stesso *status* delle teorie dell'algebra astratta. Come i gruppi sono le strutture che soddisfano gli assiomi della teoria dei gruppi, così gli insiemi non sono altro che le strutture che soddisfano gli assiomi del primo ordine di Zermelo-Fraenkel. In altri termini, mentre dal punto di vista platonista gli assiomi di Zermelo-Fraenkel *descrivono* gli insiemi (nel senso della nozione iterativa), per la concezione astratta questi sono *definiti* implicitamente dagli assiomi.

La difficoltà maggiore di questa concezione sta ovviamente nel fatto che, nella attuale fondazione insiemistica della matematica, la nozione di struttura è definita in termini di quella di insieme. Quindi o si accetta tale fondazione, nel qual caso la concezione comporta un circolo vizioso, oppure si cerca di ridurre la nozione di insieme a quella di struttura, ma allora tutti i problemi relativi alla filosofia della teoria degli insiemi riemergono in relazione alla teoria delle strutture.

Critiche a parte, è senza dubbio interessante analizzare in dettaglio i termini della polemica. Questa antologia raccoglie campioni abbastanza significativi delle argomentazioni avanzate da entrambe le parti. Per motivi di spazio si sono omessi quei testi, anche fondamentali, come gli scritti di Gödel [Go1], [Go2], [Go3], già facilmente accessibili al pubblico italiano. Il nucleo dell'antologia è costituito dalle discussioni sui fondamenti della teoria degli insiemi svoltesi al Congresso Internazionale di Filosofia della Scienza di Londra del 1965 tra Bernays, Kreisel e Mostowski. Come è comprensibile data l'epoca del Congresso, il motivo occasionale di tali discussioni è dato dalla dimostrazione di Cohen dell'indipendenza dell'ipotesi del continuo. Tuttavia i temi trattati investono tutti gli aspetti della filosofia della teoria degli insiemi.

L'interpretazione del risultato di Cohen data da Mostowski in [Ms1] segue le linee della concezione astratta. Poiché tanto l'ipotesi del continuo quanto la sua negazione sono coerenti con gli assiomi del primo ordine di Zermelo-Fraenkel, si possono introdurre infiniti sistemi di teoria degli insiemi che differiscono tra loro riguardo alla cardinalità del continuo. Ciascuno di questi sistemi, naturalmente, dà luogo ad una diversa nozione di insieme. In altri termini ci si trova di fronte ad una situazione del tutto analoga a quella che si ha in geometria, dove l'indipendenza dell'assioma delle parallele conduce alla formulazione di vari sistemi di assiomi che individuano differenti nozioni di spazio. Nessuno dei sistemi così ottenuti può pretendere di avere un ruolo privilegiato rispetto agli altri: la biforcazione, o meglio, 'multiforcazione' di sistemi prodottasi in conseguenza del risultato di Cohen è senza ritorno. Questo punto di vista è formulato ancor più esplicitamente e diffusamente da Ullian in [U].

Ben diverso è il significato dell'indipendenza dell'ipotesi del continuo dal punto di vista platonista, discusso da Kreisel nel suo commento a [Ms1] e in [K2], che si richiama a Gödel [Go2]. Come ogni altra asserzione del linguaggio della teoria degli insiemi, l'ipotesi del continuo deve esprimere una proprietà vera o falsa degli insiemi (nel senso della nozione iterativa). Il fatto che essa sia indipendente dagli assiomi del primo ordine di Zermelo-Fraenkel significa solo che questi ultimi non individuano proprietà degli insiemi sufficientemente profonde per deciderla. Una riprova di ciò è che l'indipendenza in questione è solo relativa alla formulazione del primo ordine degli assiomi: un corollario dei risultati di categoricità di Zermelo [Z] è che l'ipotesi del continuo è *decisa* dagli assiomi del secondo ordine di Zermelo-Fraenkel (cfr. [K3] o [Ce1]).

Esiste dunque una sostanziale differenza tra l'indipendenza dell'ipotesi del continuo e, per esempio, l'indipendenza dell'assioma di rimpiazzamento di Fraenkel dagli assiomi originari (del secondo ordine) di Zermelo, o l'indipendenza dell'assioma delle parallele dagli assiomi del secondo ordine della geometria quali formulati da Hilbert (con l'assioma di continuità). In altri termini l'indipendenza dell'ipotesi del continuo è prodotta da ciò che si perde nel passaggio dagli assiomi del secondo ordine di Zermelo-Fraenkel ai corrispondenti assiomi del primo ordine, cioè da quelle proprietà che sono definibili nel linguaggio del secondo ordine della teoria degli insiemi ma che non risultano più tali nel linguaggio del primo ordine (per dettagli su tale passaggio cfr. [Mg] e [K2]). Si tratta quindi di trovare nuovi assiomi che 'recuperino' in qualche modo le proprietà perdute, o per meglio dire recuperino quelle proprietà che determinano la cardinalità del continuo. Ciò perché, come osserva Bernays in [Be2], sebbene si possa dimostrare che l'ipotesi del continuo è decisa dagli assiomi del secondo ordine di Zermelo-Fraenkel, la dimostrazione non fornisce alcuna informazione sulla direzione in cui essa è decisa.

Il problema della determinazione di nuovi assiomi viene impostato da Kreisel in [K2] nei termini consueti delle concezioni contenutiste della matematica. Il paradigma di tale determinazione è costituito dall'analisi di Zermelo della nozione di insieme, che condusse alla formulazione dei suoi assiomi. Ciò che questa analisi ha in comune con le ben note analisi di Dedekind del continuo dei numeri reali e della nozione di numero naturale è che in essa le nozioni intuitive vengono ammesse come una fonte coerente di assiomi. I dettagli della 'deduzione' degli assiomi sono discussi, ad esempio, in [Bo] o in [Ce3]: si formulano anzitutto delle proprietà più o meno immediate degli insiemi nel senso della nozione iterativa, e da esse si derivano poi gli assiomi di Zermelo-Fraenkel con l'uso delle regole del calcolo dei predicati. Si tratta quindi di estendere questo processo, tenendo presente però che, come osservato da Kreisel in [K2], nulla assicura che il linguaggio attuale della teoria degli insiemi sia sufficiente per esprimere le proprietà desiderate. Sebbene, infatti, la ricerca di nuovi assiomi si sia indirizzata finora verso espressioni formulate in tale linguaggio, i cosiddetti 'assiomi forti dell'infinito', seguendo in ciò le indicazioni di Gödel [Go2], può darsi benissimo che la determinazione della cardinalità del continuo richieda un'estensione del linguaggio della teoria degli insiemi con (simboli per) nuove nozioni primitive.

Un posto importante nelle discussioni tra Bernays, Kreisel e Mostowski è occupato dal ruolo delle logiche di ordine superiore nell'assiomatizzazione della nozione di insieme. Dal punto di vista della concezione astratta, naturalmente, la decidibilità del secondo ordine dell'ipotesi del continuo è relativa a particolari modelli degli assiomi del primo ordine di Zermelo-Fraenkel. In altri termini, che l'ipotesi del continuo sia decisa dagli assiomi del secondo ordine di Zermelo-Fraenkel è effettivamente una conseguenza degli assiomi del primo ordine di Zermelo-Fraenkel. Ma poiché la nozione di conseguenza del secondo ordine è relativa al particolare modello considerato degli assiomi del primo ordine di Zermelo-Fraenkel, ciò va inteso semplicemente nel senso che, in ogni struttura che è un modello degli assiomi, vale che l'ipotesi del continuo è una conseguenza degli assiomi del secondo ordine oppure la negazione dell'ipotesi del continuo è una conseguenza degli assiomi del secondo ordine: in modelli differenti l'ipotesi può essere decisa in modi differenti (per dettagli si rimanda a [K3] o [Ce1]).

Quest'interpretazione restrittiva dei risultati di categoricità è una conseguenza del rifiuto di ogni uso fondazionale delle assiomatizzazioni del secondo ordine. Poiché la nozione di insieme è definita implicitamente dagli assiomi, sarebbe circolare attribuire una qualche parte nell'analisi di tale nozione alle assiomatizzazioni del secondo ordine giacché queste presuppongono (che si conosca già) la nozione di insieme. Come osserva Kreisel nella discussione di [Ms1] e più dettagliatamente in [KK], p. 193, quest'obiezione trascura però il fatto che la nozione di conseguenza del primo ordine e la nozione di conseguenza del secondo ordine sono definite in termini degli stessi concetti fondamentali. Perciò se la seconda dev'essere intesa come relativa ad ogni struttura che è un modello degli assiomi del primo ordine di Zermelo-Fraenkel, perché non occorre fare altrettanto per la prima? In altri termini la concezione astratta adotta ingiustificatamente una distinzione che è essenziale (e giustificata) per una diversa fondazione della teoria degli insiemi, il programma hilbertiano.

I motivi di tale adozione, cioè sostanzialmente la completezza del calcolo dei predicati del primo ordine, svaniscono se trasferiti nel nuovo contesto. Infatti il teorema di completezza ha senso solo se si accetta la nozione iterativa di insieme, a cui si riferisce la nozione di validità del primo ordine (validità di una formula del linguaggio del calcolo dei predicati del primo ordine in ogni struttura insiemistica), e senza la quale non si può parlare di una riduzione di quest'ultima alla dimostrabilità formale nel calcolo dei predicati del primo ordine. La concezione astratta è incoerente nell'accettare strutture qualsiasi che sono modelli degli assiomi del primo ordine di Zermelo-Fraenkel, rifiutando invece ogni struttura privilegiata come quella degli insiemi nel senso della nozione iterativa. Tanto più che, per lo meno allo stato attuale, se c'è un motivo di supporre che qualche *struttura* soddisfi gli assiomi in questione, questo è fornito dalla struttura degli insiemi, o più esattamente dal suo segmento iniziale ottenuto iterando l'operazione di collezione di tutti i sottoinsiemi di una data collezione un numero ι_0 di volte, per ι_0 il primo cardinale inaccessibile.

Queste critiche al privilegiamento delle nozioni del primo ordine rispetto a quelle del secondo ordine operato dalla concezione astratta non significano, naturalmente, che una *separazione* tra tali nozioni non sia utile anche dal punto di vista platonista. Importanti risultati validi per i sistemi del primo ordine non possono essere estesi ai sistemi del secondo ordine, e sono proprio quei risultati che hanno dato luogo alle applicazioni più importanti della logica matematica alla teoria degli insiemi, in particolare nelle dimostrazioni di indipendenza (cfr. però la discussione di [Be2]; in particolare per la questione sollevata da Mostowski v. la dimostrazione di [Sc]).

Ciò non giustifica, d'altra parte, il passaggio da questa distinzione puramente pragmatica ad un suo uso fondazionale, come avviene nel caso della concezione astratta. È fin troppo facile ironizzare sull'obiezione comunemente mossa da quest'ultima, secondo cui ogni volta che, nel dimostrare un risultato, si fa uso di nozioni del secondo ordine, in realtà la dimostrazione adopera solo certe proprietà particolari di tali nozioni, e il risultato vale non solo se interpretato in termini della nozione iterativa di insieme, ma anche per ogni altra nozione di insieme che abbia le proprietà in questione. Ora, nel caso degli assiomi correnti del primo ordine della teoria degli insiemi, l'unica struttura nota avente in ogni caso le proprietà richieste è quella stessa che soddisfa anche le proprietà del secondo ordine, cioè la nozione iterativa di insieme. Come osserva Kreisel in [K3], riesce difficile capire come un'asserzione che fa riferimento ad un'intera classe di strutture possa essere considerata più sicura di un'asserzione sull'unico membro noto di tale classe.

Analoghe considerazioni valgono per l'altro argomento addotto dalla concezione astratta a favore del privilegiamento delle nozioni del primo ordine, per cui in base al teorema di completezza del calcolo dei predicati la nozione di validità (del primo ordine), sebbene definita in termini di quella di insieme qualsiasi, in realtà presuppone solo insiemi numerabili. Ci si riferisce qui al fatto che la dimostrazione originaria di Gödel mostra in effetti qualcosa di più della semplice completezza, cioè che se una formula del linguaggio del calcolo dei predicati del primo ordine è vera nella realizzazione **N** che ha per dominio l'insieme dei numeri naturali (più certi suoi particolari sottoinsiemi, cioè l'insieme di tutte le coppie, triple, ... , n-ple di numeri naturali), essa è formalmente dimostrabile mediante le regole del calcolo. Poiché ovviamente se una formula è vera in un'estensione qualsiasi di **N**, essa è vera anche in **N**, ne segue che il teorema di completezza vale per una vasta gamma di interpretazioni differenti della nozione di insieme. Ma naturalmente, perché il teorema di completezza costituisca una riduzione significativa, occorre che la nozione di validità sia definita per insiemi qualsiasi: è un *teorema* che la validità così intesa equivalga alla validità definita per gli insiemi numerabili (come verità in ciascuno di tali insiemi).

I temi cui si è accennato nelle pagine precedenti costituiscono certo un oggetto principale di discussione negli articoli di questa antologia. Ciò non vuol dire, però, che essi siano gli unici temi trattati, né che le considerazioni fin qui svolte esauriscano gli aspetti delle argomentazioni addotte a sostegno o come critica delle concezioni considerate. Del resto un'introduzione esauriente renderebbe superflua la lettura degli articoli, e vanificherebbe perciò il suo scopo di introduzione!

D'altra parte ci sono alcuni problemi essenziali per il confronto tra la concezione astratta e la concezione platonista, non trattati adeguatamente nelle discussioni tra Bernays, Kreisel e Mostowski al Congresso di Londra. Si allude qui soprattutto alla questione se sia possibile dare una formulazione autonoma della nozione di *struttura astratta,* indipendentemente dalla sua riduzione alla nozione di insieme. Ciò ovviamente è di grande importanza per le obiezioni sopra rivolte alla concezione astratta.

Per giungere alla formulazione di una tale nozione, sembra naturale considerare proprietà essenziali delle strutture astratte che non siano di per sé riducibili a proprietà insiemistiche, come quella della *autoapplicabilità.* Non si ha alcuna difficoltà a trovare esempi matematici di strutture astratte autoapplicabili. Tale è il caso dei buoni ordinamenti: l'ordinamento naturale dei tipi di buoni ordinamenti è un buon ordinamento. Tale è anche il caso delle categorie: la categoria di tutte le categorie, che ha per morfismi i funtori tra categorie e in cui l'operazione di composizione è intesa nel senso abituale, è una categoria. È opinione ampiamente diffusa, però, che questi esempi matematici non presentino alcun problema realmente nuovo per la fondazione insiemistica della matematica (cfr. [Go2], nota 12). In effetti, come mostrano i risultati di [Fe], per il corpo principale dei teoremi della teoria delle categorie sono sufficienti addirittura delle condizioni molto deboli sulle famiglie di insiemi e di funtori che compaiono nella formulazione dei teoremi. Ciò dimostra che, per trovare esempi autentici di autoapplicabilità, bisogna rivolgersi altrove.

Naturalmente vi sono dei motivi perfettamente legittimi per desiderare di rimpiazzare la nozione di insieme con nuove nozioni primitive. La soluzione dei paradossi data agli inizi del secolo ha per molti versi l'aria di un ripiego: si rinunzia a trattare le *intensioni* dei concetti per limitarsi alle sole *estensioni*. Eppure, è un fatto che si possiede una comprensione molto migliore di un concetto astratto che non della sua estensione. Per esempio la nozione di gruppo è molto più chiara di quella di collezione di tutti i gruppi. Dopo tutto, le intensioni ci sono molto più familiari dato che esse forniscono la base della nostra comprensione nel linguaggio ordinario. Eppure, mentre si sa dare una trattazione teorica delle estensioni (nella teoria degli insiemi), anche le questioni più elementari relative alle intensioni appaiono irrimediabilmente complicate, per esempio la questione: quand'è che due concetti sono *eguali*? (cfr. [Ce1]). Nonostante spesso le questioni elementari risultino poi le uniche difficili da risolvere, e gli sviluppi successivi si riducano, più o meno, a routine, questa è la situazione apparentemente paradossale in cui ci si trova dopo un secolo di ricerca sui fondamenti della teoria degli insiemi.

NOTA SUGLI AUTORI

PAUL BERNAYS (1888-1977) fu professore all'Università di Zurigo. Svolse la sua attività soprattutto nel campo della teoria della dimostrazione (*Grundlagen der Mathematik,* I, 1934, e II, 1939, in collaborazione con D. Hilbert). Si occupò inoltre dei problemi relativi all'assiomatizzazione della teoria degli insiemi (*Axiomatic Set Theory,* 1958, con un'introduzione storica di A. Fraenkel.)

GEORGE KREISEL (n. 1923) è professore all'Università di Stanford. È autore di numerosi lavori, soprattutto nel campo della teoria della dimostrazione, dell'intuizionismo e della teoria della ricursione. Negli ultimi anni ha pubblicato varie rassegne del lavoro recente sulla ricerca sui fondamenti, e un manuale (*Eléments de logique mathématique,* 1967, in collaborazione con J. L. Krivine). Con K. Gödel è tra i logici contemporanei più attenti al significato fondazionale del lavoro tecnico.

ANDRZEJ MOSTOWSKI (1917-1975) fu professore all'Università di Varsavia. Svolse la sua attività in molti campi, tra cui la teoria degli insiemi (*Set Theory,* 1968, in collaborazione con K. Kuratowski; *Constructible Sets with Applications,* 1969), lo studio dei modelli dell'aritmetica e dell'analisi, la teoria della ricursione e le sue applicazioni alla logica matematica (*Sentences Undecidable in Formalized Arithmetic,* 1952; *Undecidable Theories,* 1953, in collaborazione con A. Tarski e R. Robinson). Fu anche autore di una rassegna di studi sulla ricerca sui fondamenti (*Thirty Years of Foundational Studies,* 1966).

RICHARD MONTAGUE (1931-1971) fu professore all'Università di California a Los Angeles. Autore di numerosi lavori nel campo della teoria degli insiemi, della teoria della ricursione e delle logiche modali, pubblicò anche un manuale introduttivo (*Logic, Tecniques of Formal Reasoning,* 1964, in collaborazione con D. Kalish).

THORALF SKOLEM (1887-1963) fu professore all'Università di Oslo. Autore di numerosi lavori in vari campi, la sua fama è dovuta comunque soprattutto ai suoi contributi alla logica matematica, in particolare alla teoria degli insiemi, allo studio dei modelli non standard dell'aritmetica e alla teoria delle funzioni ricorsive (*Selected Works in Logic,* 1969). Fu anche autore di una monografia (*Abstract Set Theory,* 1962).

JOSEPH S. ULLIAN (n. 1930) è professore all'Università di Washington a St. Louis, nel Missouri. Ha pubblicato vari lavori nel campo della teoria della ricursione e della teoria degli automi. È autore, con W. V. Quine, di un libro (*The Web of Belief,* 1970).

ERNST ZERMELO (1871-1953) fu professore all'Università di Friburgo. È il padre della moderna teoria degli insiemi. A lui si deve l'analisi della nozione di insieme in termini della struttura cumulativa dei tipi, e la sua prima assiomatizzazione.

A. Mostowski, "Recent results in set theory", in *Problems in the Philosophy of Mathematics*, a cura di I. Lakatos, Amsterdam (North-Holland) 1967, pp. 82-108. Trad. ital. di R. Cordeschi.

P. Bernays, "What do some recent results in set theory suggest?", ibidem, pp. 109-117. Trad. ital. di R. Cordeschi.

G. Kreisel, "Informal rigour and completeness proofs", ibidem, pp. 138-171. Trad. ital. di R. Cordeschi.

G. Kreisel, "Two notes on the foundations of set-theory", *Dialectica*, vol 23 (1969), pp. 93-114. Trad. ital. di M. Capozzi.

J. S. Ullian, "Is any set theory true?", *Philosophy of Science*, vol. 36 (1969), pp. 271-279. Trad. ital. di M. Capozzi.

R. Montague, "Set theory and higher order logic", in *Formal systems and recursive functions*, a cura di J. N. Crossley e M. A. E. Dummett, Amsterdam (North-Holland) 1964, pp. 131-148. Trad. ital. di M. Marfurt.

T. Skolem, "Einige Bemerkungen zur axiomatischen Begründung der Mengenlehre", *Wissenschaftliche Vorträge gehalten auf dem Fünften Kongress der Skandinavischen Mathematiker in Helsingfors vom 4. bis 7. Juli 1922*, Helsingfors 1923, pp. 217-232. Trad. ital. di R. Cordeschi.

E. Zermelo, "Über Grenzzahlen und Mengenbereiche", *Fundamenta Mathematicae*, vol. 16 (1930), pp. 29-47. Trad. ital. di U. Volli.

ANDRZEJ MOSTOWSKI

Risultati recenti
di
teoria degli insiemi

Scopo di questo lavoro è di fornire una rassegna di alcuni risultati recentemente raggiunti nel campo delle ricerche metamatematiche sulla teoria degli insiemi, e di discuterne l'importanza in relazione al problema dei fondamenti della matematica. Più in particolare, si cercherà di mostrare che esistono varie nozioni di insieme sostanzialmente diverse tra loro ma egualmente ammissibili come base intuitiva della teoria degli insiemi.

A quanto pare, la nozione di insieme non è mai stata intesa dai matematici in un unico modo. In Becker [2], p. 316, si può trovare un'istruttiva descrizione di una conversazione avvenuta tra Cantor e Dedekind. Mentre Dedekind paragonava un insieme a un sacco contenente oggetti non noti, Cantor assumeva una posizione assai più metafisica: diceva di immaginare un insieme come un abisso.

Le osservazioni seguenti dovrebbero rendere chiaro che la divergenza di opinioni circa la natura degli insiemi è molto importante per i fondamenti della matematica.

I creatori della teoria degli insiemi speravano che questa fornisse una base per tutta la matematica. Essi volevano definire in termini insiemistici tutte le nozioni della matematica ordinaria e dimostrare poi, mediante le leggi della teoria degli insiemi, tutti i teoremi relativi a tali nozioni. Come è noto questo piano può essere attuato, ed è possibile ricostruire in termini di teoria degli insiemi non solo la matematica classica, che tratta di numeri, funzioni, punti e figure geometriche, ma anche gran parte della matematica moderna, così come è stata sviluppata, per esempio, dalla scuola del Bourbaki. Solo la recentissima teoria delle categorie contiene nozioni che non trovano interamente posto in un ambito insiemistico.

La riduzione della matematica alla teoria degli insiemi fornirebbe una base soddisfacente per la matematica se la teoria degli insiemi fosse a sua volta una branca chiara e non ambigua della scienza. Sfortunatamente non è così: la nozione di insieme è assai più complessa di quanto non si fosse pensato all'inizio. Nel corso delle discussioni sui fondamenti della teoria degli insiemi si considerarono vari modi di rendere più precisa tale nozione. Ciò spiega il gran numero di sistemi assiomatici proposti per la teoria degli insiemi, come pure il fatto che nessuno di essi è stato accettato all'unanimità dai matematici.

Vorremmo anche sottolineare che molti matematici, e in particolare quelli che lavorano nel campo dell'analisi e della geometria classiche, ignorano del tutto la teoria astratta degli insiemi rilevando, non senza una comprensibile malizia professionale, che le difficoltà interne di tale teoria non hanno nulla a che fare con lo sviluppo della matematica.

Un certo numero di principi generali sugli insiemi venne accettato pressocché universalmente da tutti i matematici, esercitando una grande influenza sullo sviluppo delle parti più astratte della matematica moderna e sul modo in cui essa viene insegnata. Tali principi non esauriscono, però, la teoria degli insiemi, e sono inoltre troppo deboli per consentirci di risolvere problemi di teoria degli insiemi anche solo moderatamente profondi.

Tutto ciò non diminuisce l'importanza filosofica della teoria degli insiemi. La possibilità di interpretare, all'interno di tale teoria, se non tutte, almeno la maggior parte delle nozioni matematiche, resta un fenomeno rilevante che, evidentemente, richiede una spiegazione.

Tale possibilità è dovuta a una caratteristica del tutto peculiare della teoria degli insiemi, non comune ad alcun'altra teoria matematica oggi nota. La maggior parte delle teorie matematiche si limita a studiare certi oggetti di tipo ben definito e certe relazioni ben definite tra tali oggetti; le relazioni vengono menzionate in queste teorie, ma non appartengono ai loro universi. Tale è il caso dell'aritmetica, dell'analisi, della geometria, ecc. Nella teoria degli insiemi, invece, si ammette che tutti gli insiemi appartengano all'universo della teoria, né più e né meno di tutte le relazioni che possono essere definite su un insieme. Formalmente tale circostanza è espressa dall'assioma dell'insieme potenza, il cui uso è essenziale nel dimostrare che tutte le relazioni aventi un dato dominio costituiscono un insieme.

Esistono altri procedimenti più potenti per ottenere da un insieme un altro insieme più ampio. Si può partire, per esempio, da un insieme x, formare la famiglia x^* di tutte le relazioni con dominio x e ripetere questa operazione infinite volte, prendendo ai punti limite unioni degli insiemi già costruiti. Per giustificare questa costruzione, nella teoria assiomatica degli insiemi si usa non solo l'assioma dell'insieme potenza, ma anche l'assioma dell'insieme somma e quello di rimpiazzamento.[1]

[1] Per informazioni generali sugli assiomi della teoria degli insiemi, si veda

Le assunzioni esistenziali della teoria degli insiemi sono dunque molto forti. Una volta resisi conto di ciò si capisce perché sia possibile interpretare in termini insiemistici un così gran numero di teorie. È anche chiaro che non è affatto facile trovare una giustificazione di tali forti assunzioni esistenziali.

Le assunzioni esistenziali fin qui considerate vennero formulate e accettate fin dalle origini della teoria degli insiemi. Negli anni più recenti gli studiosi hanno formulato e proposto numerose nuove assunzioni di tipo esistenziale, note come 'assiomi dell'infinito'. Ne esaminerò alcune in seguito.

Esistono due principi generali che ci consentono di formulare un'infinità di tali assiomi.

Il primo di essi può essere detto *principio di transizione dall'infinito potenziale all'infinito attuale*. Una prima applicazione del principio si incontra nella presunta dimostrazione di Dedekind [2], p. 316, dell'esistenza di un numero infinito di insiemi. Dedekind parte da un oggetto qualsiasi S_0, su cui esegue certe operazioni che danno luogo a nuovi oggetti S_1, S_2, ...; quindi ammette l'esistenza dell'insieme di tutti tali oggetti. Questo passo essenziale si basa su un'assunzione che Dedekind considerava di per sé evidente. In teoria assiomatica degli insiemi esso dev'essere gustificato con l'uso di uno speciale assioma, l'assioma dell'infinito.

In una forma più sofisticata, il principio di transizione dall'infinito potenziale all'infinito attuale viene usato nella formulazione dell'assioma dei numeri inaccessibili. Gli assiomi di Zermelo-Fraenkel stabiliscono che l'universo della teoria degli insiemi è chiuso rispetto a certe operazioni, quindi che è 'potenzialmente chiuso', in un certo senso del termine. D'accordo col principio generale ammettiamo un assioma che stabilisce che non solo l'universo, ma anche un insieme (cioè un oggetto dell'universo) è chiuso rispetto a tali operazioni.

Se si formula accuratamente questo assioma, si nota che la condizione di chiusura rispetto alle operazioni descritte dall'assioma di rimpiazzamento può essere espressa in due modi. Si può richiedere che un insieme sia chiuso rispetto all'operazione di formazione dell'immagine fy di un insieme y, dove f è una funzione qualsiasi, oppure che esso sia chiuso rispetto a tale operazione solo nel caso che f sia una funzione *definibile*. Si hanno così due assiomi differenti a seconda che si consideri la versione più forte o la versione più debole della condizione di chiusura.

per es. Fraenkel-Bar-Hillel [7]. Per 'teoria assiomatica degli insiemi' intendiamo il sistema basato sugli assiomi dovuti a Zermelo e Fraenkel.

L'assioma nella forma forte equivale all'assioma di Tarski [23] dei cardinali inaccessibili. Montague e Vaught [15] hanno invece dimostrato che la forma debole dell'assioma non equivale a quella forte, sebbene sia anch'essa indipendente dagli assiomi di Zermelo-Fraenkel.

In una forma più generale, il principio di transizione venne usato da Lévy [12], il cui schema di assioma dell'infinito dice che se a, $b, \ldots, m$ sono insiemi che soddisfano una formula F della teoria degli insiemi, allora esiste un insieme transitivo s che è chiuso rispetto a tutte le operazioni descritte dagli assiomi di Zermelo-Frankel, contiene $a, b, \ldots, m$ come elementi e ha la proprietà che $a, b, \ldots, m$ soddisfano F nell'insieme s. Lo schema di Lévy dice quindi che la proprietà dell'universo espressa dal fatto che $a, b, \ldots, m$ soddisfano F è riflessa nell'insieme s.

Lo schema di Lévy è molto più forte dell'assioma dei cardinali inaccessibili. Mediante tale schema si può dimostrare, per esempio, che esistono cardinali inaccessibili m tali che ci sono m cardinali inaccessibili n che soddisfano la diseguaglianza $n < m$. Tali cardinali m costituiscono la così detta prima classe dei cardinali di Mahlo. In base allo schema di Lévy, si può dimostrare anche l'esistenza di cardinali di molte altre classi di Mahlo; cfr. [12].

Si possono ottenere assiomi dell'infinito ancora più forti con l'uso del secondo principio, che chiameremo *principio dell'esistenza di insiemi singolari*. Tale principio, definito assai meno precisamente del precedente, è legato alla situazione seguente. Supponiamo che costruendo degli insiemi mediante le operazioni descritte dagli assiomi sugli insiemi finora accettati si ottengano solo degli insiemi aventi una proprietà P. Se non esistono ragioni evidenti perché tutti gli insiemi debbano avere tale proprietà, aggiungiamo agli assiomi un'asserzione esistenziale che stabilisce che esistono insiemi che non hanno la proprietà P. In questa forma il principio è certo troppo vago per essere accettabile. È un fatto, comunque, che parecchi assiomi dell'infinito furono accettati storicamente senz'altra giustificazione che la loro conformità a tale vago principio.

La prima applicazione del principio si deve a Mahlo [14], che postulò l'esistenza di ρ_0-cardinali, da lui definiti come quei cardinali m debolmente inaccessibili aventi la proprietà che esiste almeno una successione continua e crescente di cardinali debolmente inaccessibili il cui limite è m, e che ciascuna di tali successioni contiene almeno un membro debolmente inaccessibile. Attualmente si preferisce usare una nozione diversa di ρ_0-cardinale, la cui definizione può essere ottenuta dalla precedente sostituendo ovunque l'espressione 'debolmente inaccessibile' con 'fortemente inacessibile'. Mahlo considera anche tutta una gerarchia di ρ_0-cardinali. Per stabilire l'esistenza di questi cardinali sono necessari degli assiomi speciali, che vengono formulati secondo il principio dell'esistenza di insiemi singolari.[2]

Un'altra applicazione del secondo principio è riscontrabile nella formulazione dell'assioma che stabilisce l'esistenza di cardinali misurabili. Un cardinale m si dice misurabile se la famiglia di tutti i sottoinsiemi di un insieme di potenza m contiene un m-ideale non principale (cioè un ideale che è n-addittivo, per ogni $n < m$). Tarski [22] e Ulam [25] dimostrarono già nel 1930 che i cardinali minori del primo cardinale inaccessibile sono tutti misurabili. Nel 1960 Tarski e collaboratori [24] estesero tale risultato a molti altri cardinali, compresi per esempio tutti i cardinali minori del primo ρ_0-cardinale. Bukovský e Príkrý [4] hanno dimostrato un teorema metamatematico generale che mostra l'esistenza di un'ampia classe di formule della teoria degli insiemi che contengono un'unica variabile libera, e hanno la proprietà che la formula seguente è dimostrabile nella teoria assiomatica degli insiemi: se esistono cardinali (cioè ordinali iniziali) che soddisfano $F(x)$, allora il più piccolo di tali cardinali non è misurabile. In particolare, ne segue che il primo cardinale inaccessibile, il primo cardinale della prima classe di Mahlo, ecc., sono tutti non misurabili. Tuttavia, nonostante questi risultati, non pare esista una dimostrazione del fatto che tutti i cardinali sono non misurabili. Tentiamo perciò con un assioma che stabilisce che esistono cardinali misurabili (la prima formulazione è in Tarski [24], le prime applicazioni in Scott [20]). In [10] si può trovare una bibliografia esauriente dei lavori che trattano di questo assioma e di problemi connessi.

Introducendo una gerarchia di cardinali misurabili simile a quella di Mahlo, si possono ottenere assiomi ancora più forti. Un'altra possibilità consiste nel cercare proprietà degli ideali ancora più forti di quella usata nella definizione di misurabilità. Così per esempio, Tarski e Keisler [10] hanno considerato la proprietà di m che stabilisce che ogni ideale del campo di tutti i sottoinsiemi di un insieme di potenza m può essere esteso a un m-ideale primo.

Il più forte assioma dell'infinito a me noto venne formulato da Bukovský e Príkrý [4], ma i dettagli del loro lavoro sono troppo complicati per poter essere trattati qui.

Mentre non si ha difficoltà a dimostrare l'indipendenza degli assiomi dell'infinito, una dimostrazione della loro coerenza relativa è

[2] Bernays [3] dedusse l'esistenza di ρ_0-cardinali da assiomi che hanno la forma di principi di riflessione, e quindi sono applicazioni del primo principio piuttosto che del secondo.

tanto buona quanto inutile. Una semplice applicazione del secondo teorema di incompletezza di Gödel mostra infatti che una tale dimostrazione non può essere formalizzata nella teoria degli insiemi. In vista di quanto si è detto precedentemente circa la ricostruzione della matematica nella teoria degli insiemi, è difficile immaginare come potrebbe essere una tale dimostrazione non formalizzabile. Non esiste quindi alcuna giustificazione razionale degli assiomi forti dell'infinito. Discuteremo ora se questi assiomi sono importanti per parti più tradizionali della teoria degli insiemi, che trattano di insiemi di potenza limitata.

Ci concentreremo sul problema della caratterizzazione di asserzioni vere, esistenziali o condizionalmente esistenziali, concernenti insiemi di interi. Considereremo una classe molto ristretta di tali asserzioni: supporremo, cioè, che tutti i quantificatori che occorrono nelle asserzioni siano ristretti agli interi o ad insiemi di interi.

Naturalmente, per non ridurre il problema a una questione priva di senso, supponiamo che esistano l'insieme degli interi e la famiglia di tutti i suoi sottoinsiemi. In virtù di tale assunzione, si ammetteranno come veri tutti gli enunciati della forma $(\mathrm{E}X)\ (k)\ [k \in X \equiv F(k)]$, dove F è una formula qualsiasi avente almeno una variabile libera k e non contenente la variabile X. Prescindendo, comunque, da questo semplice caso, ben poco si può dire sulla verità di enunciati anche molto elementari come, per esempio, $(\mathrm{E}X)\,F(X)$, $(X)\ (\mathrm{E}Y)\,F(X, Y)$, $(X)\ (\mathrm{E}Y)\ (Z)\,F(X, Y, Z)$, dove F è una formula aritmetica.

Possiamo costruire un enunciato della forma $(X)(\mathrm{E}Y)(Z)\,F(X, Y, Z)$, con F aritmetica, che non è dimostrabile nella teoria assiomatica degli insiemi, ma è derivabile in tale teoria dall'assunzione che tutti gli insiemi hanno una potenza minore del primo cardinale inaccessibile. Otteniamo questo enunciato esprimendo nel linguaggio dell'aritmetica del secondo ordine: non esistono modelli ben fondati degli assiomi di Zermelo-Fraenkel. Tale enunciato è ovviamente falso nella teoria intuitiva degli insiemi ,sebbene sia indecidibile rispetto alla teoria assiomatica degli insiemi (cfr. [16]).

Ammettendo tre quantficatori nel prefisso si possono costruire enunciati che sono indecidibili in un senso molto più forte. Un esempio di ciò è dato dall'assioma di costruibilità, formulato per la prima volta da Gödel [9]. Addison [1] ha dimostrato che l'enunciato: ogni insieme di numeri reali è costruibile, può essere espresso nella forma $(X)\ (\mathrm{E}Y)\ (Z)\ F\ (X, Y, Z)$, dove F è una formula aritmetica. Si sa oggi che questa proposizione è indipendente rispetto agli assiomi di Zermelo-Fraenkel, anche se estesi con vari assiomi forti dell'infinito. Non sembrano esistere ragioni convincenti per accogliere o respingere l'assioma nella teoria intuitiva degli insiemi. È tuttavia opinione generale dei matematici che l'assioma è probabilmente falso. Si noti, tra l'altro, che l'assioma di costruibilità è incompatibile con l'assioma che stabilisce l'esistenza di cardinali misurabili (cfr. Scott [20]).

Questioni relative alla falsità o verità di asserzioni su insiemi definibili di insiemi di interi vennero sistematicamente trattate nella teoria degli insiemi proiettivi creata da Lusin [13]. A tutt'oggi si è risolta solo una minima parte dei problemi formulati in tale teoria, gravitanti intorno ai cosiddetti principi di separazione. Alcuni di essi furono risolti con l'aiuto dell'assioma di costruibilità (cfr. [17] e [1]), ma non si sa se l'uso di tale assioma sia essenziale nelle dimostrazioni. La maggior parte delle questioni rimane aperta, ed è altamente significativo che Lusin ritenesse che "non sarà mai possibile" conoscerne la soluzione.

È davvero sorprendente che l'uso di assiomi forti dell'infinito possa risultare importante per questioni relative agli insiemi proiettivi. Rowbottom [19] e Gaifman [8] hanno recentemente annunciato che l'esistenza di cardinali misurabili implica la numerabilità della famiglia di tutti gli insiemi costruibili di interi. Questa relazione tra cardinali fantasticamente grandi e una propretà aritmetica relativamente semplice di insiemi di interi (espressa da un enunciato della forma: (EY) (Z) F (X, Y, Z), per F aritmetica), è uno dei fenomeni più strani mai scoperti in teoria degli insiemi.

Dal nostro pur rapido esame risulta evidente che il problema della verità intuitiva di enunciati è complesso, e non è indipendente da quello della verità degli assiomi forti dell'infinito, anche se ci si limita a considerare enunciati dell'aritmetica del secondo ordine.

È per questo motivo che molti matematici abbandonano la teoria intuitiva degli insiemi a favore di quella assiomatica. In seguito discuteremo alcuni risultati matematici ottenuti nel corso di tale studio. I risultati più importanti riguardano la coerenza relativa e l'indipendenza di varie ipotesi insiemistiche. Ho spiegato sopra qual è la situazione attuale per questi problemi nel caso dell'assioma dell'infinito. Il risultato più profondo è ovviamente la coerenza relativa dell'assioma di scelta e dell'ipotesi generalizzata del continuo, stabilita più di un quarto di secolo fa da Gödel [9], la cui dimostrazione contiene un risultato molto più profondo che non una semplice dimostrazione di coerenza.

Gödel riconobbe infatti che la nozione intuitiva di insieme è troppo vaga per consentirci di decidere se l'assioma di scelta e l'ipotesi del continuo sono veri o falsi. Tentò quindi di trovare una nozione di insieme più precisa e scoprì che un'iterazione transfinita della costruzione degli insiemi predicativi dà luogo a una classe chiusa rispetto alle operazioni fondamentali descritte dagli assiomi di Zermelo-Fraenkel.

La nozione di insieme costruibile può essere considerata, dunque, come una nozione più precisa che può sostituire la vaga nozione intuitiva. L'assioma di scelta e l'ipotesi generalizzata del continuo sono validi nel dominio degli insiemi costruibili, il che implica in particolare che sono coerenti con il sistema di Zermelo-Fraenkel. Tale risultato può essere esteso a sistemi ottenuti da quello di Zermelo-Fraenkel con l'aggiunta di alcuni, ma non di tutti gli assiomi forti dell'infinito.

Si è già detto, però, che l'assioma dei cardinali misurabili è incompatibile con l'assunzione che tutti gli insiemi sono costruibili. La questione se l'assioma di scelta sia relativamente coerente rispetto al sistema di Zermelo-Fraenkel esteso con l'aggiunta dell'assioma che asserisce l'esistenza di cardinali misurabili, non può essere risolta, dunque, nel modo in cui Gödel risolse il suo problema. Lo stesso dicasi per la ipotesi generalizzata del continuo.

Nel caso dell'assioma di scelta, è possibile ottenere una soluzione modificando leggermente una dimostrazione di coerenza, tutt'ora inedita, proposta da Scott, che in luogo degli insiemi costruibili considera insiemi definibili in termini di ordinali. Per definire questa nozione, sia $R(\alpha)$ la famiglia degli insiemi di rango α. Diciamo allora che un insieme X è definibile in $R(\alpha)$ se esiste una formula F tale che X è l'unico elemento di $R(\alpha)$ che soddisfa F in $R(\alpha)$. Un insieme X è definibile in termini di ordinali se, per qualche α, è definibile in $R(\alpha)$. Scott dimostrò che l'assioma di scelta è valido nel dominio di questi insiemi. Una leggera modifica ci permette di ottenere una dimostrazione di coerenza dell'assioma di scelta rispetto agli assiomi di Zermelo-Fraenkel con l'aggiunta dell'assioma degli insiemi misurabili. Basta sostituire la nozione di definibilità in termini di ordinali con quella di definibilità in termini di ordinali e di un dato ideale.

Nel caso dell'ipotesi generalizzata del continuo, il problema della coerenza relativa rimane aperto se si assume l'assioma dei cardinali misurabili. Solovay [21] ha dimostrato la coerenza relativa dell'ordinaria ipotesi del continuo, e Príkrý [18] la coerenza relativa dell'ipotesi del continuo per il primo cardinale misurabile. Entrambi questi autori hanno fatto uso nelle loro dimostrazioni del metodo del forzamento, ideato da Cohen [5]. Questo potentissimo metodo permise a Cohen e ai suoi seguaci di risolvere quasi tutti i problemi di indipendenza della teoria assiomatica degli insiemi.

A parte il facile problema dell'indipendenza degli assiomi dell'infinito, il più semplice problema di indipendenza, sebbene già abbastanza profondo, è quello dell'assioma di costruibilità. Ci limiteremo a considerare tale problema.

Sia M una famiglia transitiva di insiemi, tale che sia gli assiomi di Zermelo-Fraenkel che l'assioma di costruibilità, sono validi in M. Ogni elemento di M è allora un insieme costruibile. Denotiamo con $\alpha(x)$ l'ordinale che indica il punto della successione transfinita degli insiemi predicativamente definiti in cui occorre un insieme costruibile. Poiché l'assioma di costruibilità è valido in M, l'ordinale $\alpha(x)$ è in M per ogni x in M. Sia N un altro insieme transitivo, in cui valgono tutti gli assiomi di Zermelo-Fraenkel e tale che M è un sottoinsieme proprio di N, ma N e M hanno gli stessi ordinali. L'assioma di costruibilità è allora falso in N dal momento che, per ogni x in $N - M$, l'ordinale $\alpha(x)$ non è in N; altrimenti $\alpha(x)$ apparterrebbe già a M, e altrettanto varrebbe per x.

L'indipendenza sarà dunque dimostrata ove si dimostri l'esistenza di un modello N che è un'estensione propria di M e ha gli stessi ordinali.

La costruzione di modelli degli assiomi della teoria degli insiemi risulta difficile a causa del complicato carattere impredicativo degli assiomi, in particolare dell'assioma dell'insieme potenza e dei due schemi di assiomi: lo schema di costruzione di insiemi (che stabilisce l'esistenza dell'insieme $\{x \in a : F(x)\}$) e lo schema di sostituzione. È facile comunque costruire famiglie di insiemi N in cui sia valido lo schema predicativo di costruzione di insiemi. Tale schema stabilisce l'esistenza dell'insieme $\{x \in a : F^a(x)\}$, dove F^a si ottiene da F restringendo tutti i quantificatori ad a. È noto che questo schema ristretto è soddisfatto da una famiglia di insiemi N che sia chiusa rispetto a un numero finito di operazioni, per esempio le otto ben note operazioni usate da Gödel [9] nella sua definizione degli insiemi costruibili. Chiameremo predicativamente chiusa una famiglia N che sia chiusa rispetto a tali operazioni.

Il modo più semplice di ottenere un'estensione di un dato modello M in cui sia valido lo schema predicativo di costruzione di insiemi, è dunque il seguente: si aggiunge a M un insieme a che non era già contenuto in M, e lo si chiude rispetto alle otto operazioni. Se M è numerabile, allora a può essere scelto già tra gli insiemi di interi poiché il loro numero è maggiore del numero cardinale di M.

Più precisamente, gli elementi della nuova famiglia (che chiameremo N o $M(a)$ per indicare la sua dipendenza da a) possono essere rappresentati nella forma $F_\alpha(a)$, dove $F_\alpha(a)$ è l'insieme ottenuto da a esattamente come l'insieme F di Gödel si otteneva da 0. Finché il valore di a non è fissato, $F_\alpha(a)$ può essere considerato come un certo tipo di polinomio con un'unica variabile a.

Dobbiamo ora operare la scelta di a in modo tale che in $M(a)$ sia valido, non solo lo schema predicativo di esistenza di insiemi ma anche quello non ristretto, oltre agli altri assiomi della teoria degli insiemi. L'espediente ideato da Cohen per ottenere ciò consiste nel ridurre le proprietà di N alle proprietà di M. Una tale riduzione è banalmente possibile quando a è un elemento di M, ma naturalmente ciò non ci aiuta a risolvere il problema dell'indipendenza. Quando invece a è del tutto arbitrario, la riduzione richiesta è chiaramente impossibile, anche se non so fino a che punto le proprietà di $M(a)$ siano indipendenti da quelle di M. Insiemi a che non appartengono a M, ma per i quali è ancora possibile la riduzione richiesta, vennero detti *generici* da Cohen.

In termini di topologia generale, essi possono definirsi relativamente semplici. La definizione data appresso, è dovuta a Ryll-Nardzewski. Diremo che due insiemi di interi a e b sono n-vicini se, per ogni $i < n$, $i \in a \equiv i \in b$. Quanto maggiore è n, tanto più vicini sono i due insiemi. Insiemi che, per un intero n, sono n-vicini ad a costituiscono un intorno di a. Una famiglia A di insiemi a è densa se, in ogni intorno di un insieme qualsiasi, c'è almeno un elemento di A.

Sia ora H una formula contenente le variabili libere x, y,... Una famiglia densa di insiemi a si dice generica per tale formula, e i suoi elementi si dicono insiemi generici per tale formula, se per dei polinomi qualsiasi $F_\alpha(a)$, $F_\beta(a)$, ... la funzione $v_H(a) =$ *valore di* $H(F_\alpha(a), F_\beta(a),...)$ *nel modello* $M(a)$ è una funzione continua in A. La continuità significa, naturalmente, che per ogni a in A si può trovare un intero n tale che v_H è costante per tutti gli argomenti che sono n-vicini ad a e appartengono ad A.

Una famiglia A è generica (e i suoi elementi sono insiemi generici) se è densa e generica per una formula qualsiasi H.

Cohen ha dimostrato l'esistenza di famiglie generiche, introducendo la nuova nozione matematematica di forzamento. Ryll-Nardzewski ha osservato che si può ottenere il medesimo risultato usando un ben noto teorema di Baire della teoria descrittiva degli insiemi; si veda per esempio [11]. La funzione $v_H(a)$ è infatti una funzione di Baire, nel caso che M sia numerabile, e quindi, per il teorema di Baire, è continua su un insieme residuo A. È così dimostrata l'esistenza di famiglie generiche.

Sia a un insieme generico qualsiasi e Π la famiglia dei suoi intorni. Si possono ridurre allora le proprietà di $M(a)$ a quelle di M nel modo seguente. A ogni formula $H(x, y,...)$ si fa corrispondere una formula Φ_H $(\pi, \alpha, \beta,...)$ avente la proprietà

$$(*) \qquad \models_{M(a)} H[F_\alpha(a), F_\beta(a),...] \equiv (\mathrm{E}\pi)\ \pi \in \Pi \models_M \Phi_H[\pi, \alpha, \beta,...].$$

Cohen [5] ha descritto come ottenere tale formula: nella sua terminologia la formula asserisce che π forza[3] la formula $\neg \neg H(F_\alpha(a), F_\beta(a),...)$.

In base all'equivalenza (*), è facile dimostrare che tutti gli assiomi di Zermelo-Fraenkel sono validi in $M(a)$. La verifica è particolarmente semplice se si assume (come è possibile) che M sia l'unione di una successione crescente ben ordinata M_i di suoi sottomodelli elementari che soddisfano la condizione $M_i \in M_j$, per $i<j$.

Non entreremo qui nei dettagli della dimostrazione, che procede come è descritto nei lavori di Cohen e Solovay [5], [21].

Cohen [5], e con lui vari altri autori, hanno applicato con successo il metodo del forzamento a vari problemi di indipendenza, e il numero di tali risultati aumenta con un ritmo inquietante. I più notevoli tra essi sono i risultati relativi all'ipotesi del continuo: grosso modo essi dimostrano che praticamente ogni ipotesi sulla potenza dei cardinali regolari è compatibile con gli assiomi di Zermelo-Fraenkel. Vorrei citare almeno il seguente risultato preciso dovuto a Easton [6]. Sia M un modello numerabile degli assiomi di Gödel-Bernays e G una funzione crescente da ordinali a cardinali in M, che soddisfa la condizione che in M sia vero l'enunciato: "$\aleph_{G(\alpha)}$ non è confinale con alcun cardinale $\leqslant \aleph_\alpha$". Con queste ipotesi, esiste un modello N contenente M tale che entrambi i modelli hanno gli stessi cardinali e l'enunciato $2^{\aleph_\alpha} = \aleph_{G(\alpha)}$ è vero in N, per ogni cardinale regolare $\aleph_\alpha$.

Questi risultati dimostrano che la teoria degli insiemi è irrimediabilmente incompleta. Certo, nessuno si aspettava che fosse completa, ma neppure ci si immaginava che fosse incompleta fino a tal punto. Poiché le dimostrazioni di indipendenza si ottengono per mezzo di modelli ben fondati, non c'è da sperare che si possa ripristinare la completezza usando qualche regola infinitistica di dimostrazione, come per esempio la ω-regola. Ciò dimostra che l'incompletezza della teoria degli insiemi è causata da motivi diversi da quelli che determinano l'incompletezza dell'aritmetica. Si potrebbe piuttosto paragonarla all'incompletezza della teoria dei gruppi o di analoghe teorie algebriche, che sono incomplete perché gli assiomi venivano formulati con l'intenzione che ammettessero più modelli non isomorfi tra loro. Nel caso della teoria degli insiemi, anche se non era questa l'intenzione il risultato è esattamente lo stesso.

I modelli costruiti da Gödel e Cohen sono importanti non solo per il motivo puramente formale che ci consentono di ottenere le dimo-

[3] È in elaborazione una diversa definizione della formula Φ_H, che evita la nozione di forzamento e si riferisce direttamente alla definizione topologica di insieme generico.

strazioni di indipendenza, ma anche perché indicano le possibilità che ci si aprono quando si vogliano rendere più precise le intuizioni che stanno alla base del concetto di insieme. Grazie all'opera di Gödel, possediamo una nozione intuitiva del tutto chiara di insieme, che è definita predicativamente per mezzo di un procedimento predicativo transfinito. Un'interpretazione altrettanto chiara non è finora emersa, invece, dai modelli di Cohen, perché non si possiede ancora un'intuizione degli insiemi generici: possiamo solo comprendere la nozione relativa di insieme generico rispetto a un dato modello. Probabilmente si disporrà in futuro di nozioni intuitive di insieme sostanzialmente diverse, proprio come oggi abbiamo differenti nozioni di spazio, e le discussioni sugli insiemi si fonderanno su assiomi che corrispondono di volta in volta al tipo di insiemi che si vuole studiare. Per quanto non si possano fare previsioni sicure, è presumibile che esisterà un nucleo comune di tali diversi sistemi assiomatici, e che gli assiomi di questo nucleo descriveranno le parti più basilari della teoria degli insiemi che sono necessarie per l'esposizione di teorie matematiche, ivi compresa, forse, la teoria delle categorie. Non oso avanzare ipotesi su come questi vari sistemi di differenti teorie degli insiemi decideranno la questione se esistano insiemi di potenze molto elevate.

È mia opinione che tutto il lavoro recente sui fondamenti della teoria degli insiemi punti nella direzione che ho appena descritto. Naturalmente, se esiste una moltitudine di teorie degli insiemi, nessuna di esse può reclamare un posto centrale nel campo della matematica. Solo il loro nucleo comune potrebbe farlo, ma è dubbio che tale nucleo possa contenere tutti gli assiomi necessari per una riduzione della matematica alla teoria degli insiemi.

Non è escluso che lo stesso Cantor si rendesse conto che la sua nozione di insieme era vaga e poteva prestarsi a varie interpretazioni. Non è in contrasto con questa possibilità la sua curiosa osservazione sugli insiemi a cui si è alluso all'inizio dell'articolo.

Ad ogni modo, poiché l'esistenza di queste varie interpretazioni è confermata dai recenti sviluppi della teoria degli insiemi, dobbiamo concludere che, per quanto strano possa sembrare, le idee di Cantor sugli insiemi erano probabilmente più vicine alla verità di quanto non lo fossero le intuizioni apparentemente chiare di Dedekind.

BIBLIOGRAFIA

[1] J. W. Addison, Some consequences of the axiom of constructibility, *Fundamenta Mathematicae*, 46 (1958), pp. 337-357.

[2] O. Becker, *Grundlagen der Mathematik in geschichtlicher Entwicklung*, Alber, Freiburg e Münich, 1954, p. 316.

[3] P. Bernays, Zur Frage der Unendlichkeitsschemata in der axiomatischen Mengenlehre, in: *Essays in Foundations of Mathematics Dedicated to Prof. A. A. Fraenkel*, The Magnes Press, Jerusalem, 1961, pp. 3-49.

[4] L. Bukovský e K. Přikrý, Some metamathematical properties of measurable cardinals, *Bulletin de l'Académie Polonaise des Sciences*, Série des sciences mathématiques, astronomiques et physiques, 14 (1966), pp. 9-14.

[5] P. J. Cohen, The independence of the continuum hypothesis, Parte I, *Proceedings of the National Academy of Sciences of the U.S.A.*, 50 (1963), pp. 1143-1148; Parte II, *Ibid.*, 51 (1964), pp. 105-110.

[6] W. B. Easton, *Powers of regular cardinals*, Dissertazione di dottorato inedita, Princeton, 1964.

[7] A. A. Fraenkel e Y. Bar-Hillel, *Foundations of set theory*, North-Holland, Amsterdam, 1958.

[8] H. Gaifman, *Further consequences of the existence of measurable cardinals*, di prossima pubblicazione.

[9] K. Gödel, *The consistency of the axiom of choice and of the generalized continuum hypothesis with the axioms of set theory*, Princeton University Press, Princeton, 1940.

[10] H. J. Keisler e A. Tarski, From accessible to inaccessible cardinals, *Fundamenta Mathematicae*, 53 (1964), pp. 225-308.

[11] K. Kuratowski, *Topologie I*, P.W.N. Warszawa-Wroclaw, 1948.

[12] A. Lévy, Axiom schemata of strong infinity in axiomatic set theory, *Pacific Journal of Mathematics*, 10 (1960), pp. 223-238.

[13] N. Lusin, *Leçons sur les ensembles analytiques et leurs applications*, Gauthier-Villars, Paris, 1930.

[14] P. Mahlo, Zur Theorie und Anwendung der ρ_0 Zahlen, *Berichte über die Verhandlung der Sachsischen Akademie der Wissenschaften zu Leipzing, Mathematisch Naturwissenschaftliche Klasse*, 64 (1912), pp. 108.112; 65 (1913), pp. 268-282.

[15] R. Montague e R. L. Vaught, Natural models of set theories, *Fundamenta Mathematicae*, 47 (1959), pp. 219-242.

[16] A. Mostowski, An undecidable arithmetical statement, *Fundamenta Mathematicae*, 36 (1949), pp. 143-164.

[17] P. S. Novikov, O néprotivoréčivosti nékotorych položenij déskriptivnoj téorii množestv, *Trudy Matématičeskogo Instituta im. V. A. Stéklova*, 28 (1954), pp. 279-316.

[18] K. Přikrý, The consistency of the continuum hypothesis for the first measurable cardinal, *Bulletin de l'Académie Polonaise des Sciences*, Série des sciences mathématiques, astronomiques et physiques, 13 (1965), pp. 193-197.

[19] F. Rowbottom, *Large cardinals and small constructible sets*, Tesi inedita, University of Wisconsin, 1964.

[20] D. Scott, Measurable cardinals and constructible sets, *Bulletin de l'Académie Polonaise des Sciences*, Serie des sciences mathématiques, astronomiques et physiques, 9 (1961), pp. 521-524.

[21] R. M. Solovay, *Measurable cardinals and the continuum hypothesis*, Ciclostilato, Institute for Advanced Study, Princeton, 1964.

[22] A. Tarski, Über additive und multiplikative Mengenkörper und Mengenfunktionen, *Comptes Rendus des Séances de la Société des Sciences et des Lettres de Varsovie*, Classe III, 30 (1937), pp. 151-181.

[23] A. Tarski, Über unerreichbare Kardinalzahlen, *Fundamenta Mathematicae*, 30 (1938), pp. 68-89.

[24] A. Tarski, Some problems and results relevant to the foundations of set theory, *Logic, Methodology and Philosophy of Science. Proceedings of the 1960 International Congress*, a cura di E. Nagel, P. Suppes e A. Tarski, Stanford University Press, Stanford, 1962, pp. 125-136.

[25] S. Ulam, Zur Masstheorie in der allgemeinen Mengenlehre, *Fundamenta Mathematicae*, 16 (1930), pp. 140-150.

Nota aggiunta in bozze. La costruzione menzionata nella nota a p. 31 è stata completata nel frattempo. La versione topologica della teoria di Cohen è stata scoperta e sviluppata da G. Takeuti in un articolo 'Topological spaces and forcing' (non ancora pubblicato).

DISCUSSIONE

G. KREISEL: Osservazioni.

Desidero esprimere in primo luogo il mio apprezzamento per la chiara e succinta presentazione di un buon numero di risultati recenti, comprendenti tra l'altro vari risultati ancora inediti. Ma sono stato egualmente colpito dall'omissione di un certo numero di semplici fatti fondamentali. Tali fatti sono, io ritengo, filosoficamente almeno altrettanto importanti delle recenti costruzioni matematicamente molto più interessanti illustrate da Mostowski. Può darsi benissimo che essi risultino più importanti per una scelta fruttuosa di nozioni e problemi, per cui a lungo andare, come spesso accade, ciò che è filosoficamente importante e la matematica *futura* procedono di pari passo.

A. *Storicamente*, le principali omissioni mi sembrano le seguenti.

1. I risultati formali di indipendenza confermano ciò che era moralmente certo da molto tempo, cioè per lo meno da vent'anni. Mostowski cita le osservazioni di Gödel (presumibilmente negli articoli sulla logica di Russell e sul problema del continuo di Cantor) sulla necessità di un'analisi più precisa delle nozioni insiemistiche fondamentali.[4]

Si ha però l'impressione che Mostowski abbia letto quegli articoli molto superficialmente; il secondo in sostanza dà per scontata l'indipendenza formale dell'ipotesi del continuo (IC), e discute i principi di evidenza che possono essere necessari. È semplicemente falso (p. 27) che, secondo Gödel, la nozione *intuitiva* di insieme è troppo vaga per decidere l'assioma di scelta AS o l'ipotesi del continuo IC: nell'articolo sul problema del continuo di Cantor egli afferma esplicitamente che AS ha, dal punto di vista della nozione intuitiva di insieme (data dalla gerarchia cumulativa di Zermelo) la stessa evidenza degli altri assiomi accettati. (E, personalmente, trovo che AS, per quella nozione, sia più *direttamente* evidente dell'assioma di rimpiazzamento, che va prima analizzato). È banalmente falso (p. 16) che gli assiomi di Zermelo e

[4] È vero che nella sua nota originaria nei *Proc. National Acad.*, 1938, Gödel osserva che $V = L$, aggiunto come nuovo assioma, sembra fornire un completamento naturale degli assiomi della teoria degli insiemi, nella misura in cui esso determina in un modo preciso la nozione vaga di insieme infinito qualsiasi. Questa osservazione non è certo nello spirito dell'articolo sul problema del continuo nell'*Am. Math. Monthly*, 1947, e tanto meno nello spirito dell'aggiunta a tale articolo contenuta nell'antologia di Benacerraf e Putnam (1964). È un peccato che Gödel non richiami esplicitamente l'attenzione sul cambiamento del suo punto di vista. Mi pare tuttavia ragionevole attribuire maggior peso filosofico ad una discussione approfondita del 1964, cioè più di venticinque anni dopo l'annunzio di ricerca originario, piuttosto che ad una singola osservazione; in particolare perché la pubblicazione del 1947 e quella del 1964 sviluppano il *medesimo* punto di vista.

Fraenkel furono accettati fin dall'inizio (altrimenti non avrebbero un nome particolare). La nozione di Zermelo viene detta, molto propriamente, la nozione di: insieme di qualcosa (articolo di Gödel sul problema del continuo). È da deplorare l'omissione della spiegazione originaria di Zermelo del significato dei suoi assiomi: la spiegazione mostra come sono stati scoperti gli assiomi, e da essa risulta chiaro che il procedimento di scoperta può essere certo continuato, per esempio usando il primo principio di p. 23 dell'articolo di Mostowski. (Anche questo sembra *ad hoc*, perché egli non dice quasi nulla sull'effettivo procedimento di scoperta seguito in passato. Tra parentesi, sarebbe interessante stabilire quali nozioni logiche sono necessarie per formulare il principio in generale e con esattezza).

2. È interessante forse che Mostowski trovi molto sorprendenti le implicazioni dell'esistenza di grandi cardinali per la teoria degli insiemi proiettivi. Ma è anche interessante, e storicamente più importante, che Gödel discutesse dettagliatamente questa possibilità nei lavori già citati (e inoltre nella conferenza di Princeton del 1948, pubblicata recentemente nell'antologia di Davis). La sua discussione non si basa su considerazioni molto sofisticate, ma su risultati saldamente acquisiti, come il ruolo degli assiomi dell'infinito nelle dimostrazioni formali di coerenza (per esempio il ruolo dell'assioma che asserisce l'esistenza di un insieme di rango $\omega + \omega + 1$, nello stabilire l'esistenza di modelli o di modelli ben fondati della teoria degli insiemi di Zermelo). A ciò si potrebbe aggiungere l'uso della teoria analitica dei numeri (insiemi di rango $\omega + 1$ per i numeri complessi, di rango $\omega + 2$ per le funzioni di numeri complessi) per decidere asserzioni aritmetiche (su insiemi di rango ω). Se assunzioni su insiemi di rango superiore conducono a dimostrazioni *più semplici* di risultati già noti, è presumibile, almeno *prima facie*, che esse diano luogo a risultati nuovi, data l'incompletezza della teoria (ricorsivamente assiomatizzata) degli insiemi ereditariamente finiti (= di rango ω). (È un'importante *scoperta* di delicata teoria della dimostrazione che nella teoria analitica dei numeri fino ad oggi sviluppata si possono eliminare tali ipotesi di esistenza). Naturalmente sarebbe sciocco dire che la *verità* di teoremi su insiemi di piccolo rango dipende dalla verità degli assiomi dell'infinito: ciò può valere, tuttavia, per la loro *evidenza* proprio come, nel caso dell'aritmetica numerica, una asserzione complicata può diventare evidente solo in base a considerazioni di ordine generale (sebbene la verità delle asserzioni numeriche sia *ricorsivamente* decidibile, contrariamente alla verità delle asserzioni su insiemi di rango α, per $\alpha \geqslant \omega$).

3. Mi sembra sbagliato non prendere sul serio i problemi genericamente filosofici che si presentavano ai matematici prima che fossero

risolti da Zermelo. Mostowski cita la predicatività: è un fatto che settant'anni fa molti insiemisti e matematici erano, in pratica, di tendenze predicativiste. Gli assiomi della teoria degli insiemi da loro formulati erano deboli. *L'assioma di riducibilità appariva almeno altrettanto ingiustificato di quello dei cardinali misurabili.* Non si riuscì a trovarne una gustificazione non perché si *volessero* assiomi predicativisti in senso stretto (cfr. Feferman, *Journal of Symbolic Logic*, 29, 1964, p. 1-30, dove non solo l'assioma di riducibilità è falso, ma non se ne può neppure dimostrare predicativisticamente la coerenza), ma perché non si trovò il modo di andare al di là degli assiomi predicativisti. L'assioma dell'esistenza di insiemi (comprensione) di Zermelo è formalmente simile all'assioma di riducibilità. Zermelo lo giustificò non mediante una dimostrazione formale di coerenza relativa (p. 25), ma spiegando a parole la nozione di: insieme *di* qualcosa.

B. *Dettagli* 1. Mostowski liquida come semplici (p. 25) le dimostrazioni di indipendenza degli assiomi dell'infinito dagli abituali assiomi di ZF, in contrapposizione alla dimostrazione dell'indipendenza di IC (p. 28). Egli non nota che tali semplici dimostrazioni stabiliscono qualcosa di molto più forte, cioè (cfr. 2 appresso) l'indipendenza dalla forma (forte) del secondo ordine di ZF. (Per maggiori dettagli, cfr. il mio articolo in questo volume, § 1(b), e la differenza tra (i) l'indipendenza dell'assioma delle parallele in geometria e (ii) l'indipendenza di IC in teoria degli insiemi). Tra parentesi: scommetto che chi non abbia esplicitamente acquisito la nozione di Zermelo non riuscirebbe a trovare da sé queste 'semplici' dimostrazioni di indipendenza.

2. Mostowski nota (p. 31) che, presumibilmente a differenza delle asserzioni aritmetiche indecidibili di Gödel, IC non è decisa dall'ω-regola. Egli non dice che IC *è* decisa dagli assiomi del secondo ordine di Zermelo (questa volta a differenza degli assiomi dell'infinito sopra menzionati). Sarebbe certo interessante analizzare seriamente l'asserzione (p. 31) che "l'incompletezza della teoria degli insiemi è causata da motivi diversi da quelli che determinano l'incompletezza dell'aritmetica". Suppongo che in un'analisi seria si dovrebbe distinguere (i) l'indipendenza del secondo ordine degli assiomi dell'infinito (quante *volte* va ripetuto il procedimento di generazione) da (ii) l'indipendenza di IC. Naturalmente esiste una distinzione tra l'indipendenza di asserzioni aritmetiche e l'indipendenza di IC, in termini di ω-modelli e dei cosiddetti β-modelli, ma si tratta di una distinzione puramente tecnica, almeno in mancanza di un'ulteriore analisi.

3. Mostowski trova inquietante (p. 31) il numero dei risultati di indipendenza. Che cosa dimostrano questi se non l'abilità dei matematici nelle manipolazioni formali? Le questioni di teoria degli insiemi

che essi non sono riusciti a decidere sono formalmente indecidibili rispetto agli assiomi finora riconosciuti. Questo 'gran' numero di risultati di indipendenza non è semplicemente analogo al fatto ben noto che, quando si rende necessario e/o si scopre un nuovo assioma o un nuovo metodo, ciò ha delle ripercussioni su tutta una serie di questioni che interessano i matematici?

C. *Conclusione.* La conclusione principale di Mostowski, che solo la parte comune di una molteplicità di teorie degli insiemi può reclamare il (un?) posto centrale in matematica (p. 32), mi pare un perfetto *non-sequitur.* Anche ammettendo diverse nozioni intuitive di insieme (per esempio la nozione di insieme predicativo e la nozione di Zermelo), resta sempre il problema quale di esse sia più fondamentale, e perciò centrale. Se un concetto X è definibile in termini di Y ma non viceversa, allora Y è più fondamentale. Esempi: (a) La nozione di insieme costruibile (cioè essenzialmente: di ordinale e di certe funzioni 'ricorsive' sugli ordinali) è definibile in termini della nozione di insieme di Zermelo, ma non viceversa. (b) Gli insiemi di rango $< \omega + \omega$ sono definibili in termini degli insiemi di rango $<$ il primo cardinale misurabile, ma non viceversa. Nel suo articolo nulla esclude la possibilità che esista una teoria più fondamentale.

Mi rendo conto, naturalmente, di non aver avanzato suggerimenti positivi per decidere i problemi aperti. Poiché la scoperta di nuovi assiomi è per me l'aspetto più interessante dei fondamenti, personalmente mi sono occupato di più di logica costruttivista (non insiemistica), dove si può contare di trovare un nuovo assioma non banale all'anno, perché l'argomento è stato meno esplorato.

Credo che il nocciolo della risposta di Mostowski a quanto ho detto potrebbe essere che le assiomatizzazioni del secondo ordine non trovano posto in un'analisi della nozione di 'insieme' poiché tali assiomatizzazioni presuppongono che si conosca già la nozione di insieme. Ovviamente, però, ciò si basa sull'assunzione (tra l'altro, abbastanza comune) che l'analisi dei fondamenti debba avere la forma di una riduzione; per esempio, della riduzione ad una formalizzazione del primo ordine, ovvero (per ragioni che si potrebbero rendere più esplicite, sebbene egli non l'abbia fatto) ad una formalizzazione in termini di una relazione di conseguenza definita mediante una definizione induttiva generalizzata, come l'ω-regola. Per quanto ciò non sia detto esplicitamente, probabilmente c'è anche l'assunzione che, una volta effettuata la riduzione, 'non si perde niente' se si dimenticano tutte quelle 'sciocchezze astratte' sul significato delle nozioni analizzate: si può prendere la formalizzazione stessa come nuovo punto di partenza. Per questo, per esempio, si è ignorata la derivazione di Zermelo dei suoi assiomi dalla nozione di *insieme di*, anche quando si sono studiate le proprietà formali degli assiomi.

Sebbene i difetti delle assunzioni implicite nella risposta (e nell'articolo) di Mostowski verranno discussi in termini generali nel mio contributo, qui va detto questo.

In primo luogo, dal punto di vista filosofico, se si vuol dare un'interpretazione insiemistica delle nozioni matematiche, l'assunzione è incoerente. Le nozioni di conseguenza del primo ordine e di conseguenza del secondo ordine sono definite in termini degli *stessi* concetti; una differenza esiste solo da un punto di vista formale: le conclusioni principali vengono derivate da proprietà differenti degli stessi concetti fondamentali; per esempio, casi differenti dell'assioma di comprensione vengono adoperati per dimostrare il fatto fondamentale che (i) l'insieme degli enunciati validi del primo ordine è ricorsivamente enumerabile; (ii) l'insieme degli enunciati validi del secondo ordine non è ricorsivamente enumerabile. Non nego che esista una distinzione filosofica sostanziale tra ragionamenti del primo ordine e ragionamenti del secondo ordine, dal punto di vista di una fondazione semantica, per es. finitista alla Hilbert, ma è cattiva filosofia trasferire senza ulteriore riflessione una certa distinzione da un ambito fondazionale ad un altro.

In secondo luogo dal punto di vista ingenuo, è semplicemente falso dire che le nozioni del secondo ordine non sono 'chiare'. Non solo le prime teorie assiomatiche, per es. quella di Dedekind, si intendeva fossero categoriche, e, come si dice oggi, del secondo ordine: cioè esse furono le prime ad apparire, dal punto di vista filogenetico. Ma è anche più facile apprendere l'idea di insieme *qualsiasi* di, per es. di insieme di numeri, che non, diciamo, la nozione di insieme ricorsivo o di insieme aritmetico. Tutti i matematici conoscono la prima, ma molti si scocciano quando devono imparare la seconda.

La chiarificazione filosofica di un concetto non consiste di solito nella riduzione a un altro insieme di concetti (questa è l'assunzione in esame), ma nell'acquistare consapevolezza delle proprietà di quel concetto, guardando per così dire, al concetto, e non al di là di esso. Questo è quanto fece Zermelo, ma la gente sembra non saperlo più fare. Come ho detto in queste mie osservazioni, è più facile farlo se si studia un argomento che non sia stato affrontato da troppa gente, come per es. le nozioni fondamentali dalla matematica costruttivista. Che ciò sia possibile dimostra che la seconda assunzione (dimenticarsi del "significato delle nozioni") è errata anche dal punto di vista matematico.

Un esempio specifico della fecondità dell'approccio del secondo ordine: una volta che lo si sia preso sul serio, si cercherà di formulare gli assiomi di comprensione e di rimpiazzamento per *tutte* le proprietà;

oppure, ove li si formuli solo per le proprietà definibili, si cercherà di estendere il più possibile le definizioni considerate (cioè di estenderle al di là del linguaggio del primo ordine, con l'unica costante $\in$). Se si considerano formule infinite, si è indotti a cercare delle formule finite (di tipo superiore) che esprimono il significato delle formule infinite: è questo un principio per la ricerca di nuovi assiomi che non è stato menzionato da Mostowski. Allo stato attuale tale principio non è molto pratico perché (per quel che ne so) tutti gli assiomi ottenuti in tal modo sono anche ottenibili mediante semplici principi di riflessione, ma non viceversa. In altri termini questi ultimi sono più fondamentali. Ma l'esistenza del principio mostra chiaramente che il prendere sul serio le nozioni del secondo ordine ha almeno delle conseguenze dal punto di vista della scoperta di nuovi assiomi.

Aggiunta in bozze. I primi dubbi sull'assioma di scelta derivano quasi certamente dall'interpretare forse inconsciamente le variabili (occorrenti in enunciati insiemistici) come varianti su insiemi *definibili* o *nominabili*, dove la nozione di definibilità assoluta si suppone tacitamente intesa. Se si accetta tale nozione, l'assioma di comprensione è evidentemente valido mentre l'assioma di scelta è abbastanza dubbio. (Se si assume che le variabili varino sugli insiemi "definibili in termini degli ordinali mediante formule del primo ordine", cioè sugli insiemi costruibili di Gödel, l'assioma di scelta è evidente e, per quanto ciò sia meno ovvio, l'assioma di comprensione è valido). Si noti che le conseguenze dell'assioma di scelta che in genere sono ritenute paradossali riguardano soprattutto l'identificazione delle nozioni (i) di *figura geometrica* e (ii) di *insieme qualsiasi di punti*: per esempio, il paradosso della sfera di Hausdorff consiste in ultima analisi in insiemi numerabili disgiunti A, B, C, esplicitamente definiti, tali che A può essere ruotato tanto in B e C separatamente, quanto in $B \cup C$. Ciò è 'geometricamente' paradossale, ma non è altro che un'applicazione di $\aleph_0 + \aleph_0 = \aleph_0$, e perciò non ha nulla a che fare con l'assioma di scelta.

A. ROBINSON: Osservazioni.

Nessuno intende negare il grande interesse di molta parte del lavoro sull'indipendenza e la coerenza in teoria assiomatica degli insiemi, che negli ultimi anni ha raggiunto nuove altezze. Resta tuttavia il problema di valutare esattamente l'importanza di tale lavoro per i fondamenti della matematica. I risultati finora ottenuti sono forse provvisori nel senso che è concepibile che gli assiomi di Zermelo-Fraenkel vengano estesi un giorno con nuovi assiomi la cui verità apparirà evidente e che ci permetteranno di decidere, ad esempio, l'ipotesi del continuo? Messo in questi termini, il problema diventa una questione di previsione storica circa le convinzioni di un determinato gruppo sociale ad una data futura. Molti dei presenti, tuttavia, si spingerebbero certamente oltre, sostenendo che l'ampia accettazione raggiunta dagli assiomi di Zermelo-Fraenkel è semplicemente una manifestazione della loro fondamentale validità, e che lo stesso varrebbe per i nuovi assiomi non ancora scoperti. D'altra parte quelli che, come me, nutrono una profonda diffidenza nei confronti delle asserzioni ontologiche su totalità infinite, troveranno qualche conforto per il loro atteggiamento nell'attuale biforcazione (o multiforcazione) della teoria degli insiemi, e prenderanno addirittura in considerazione la possibilità di un'analoga biforcazione dell'aritmetica. Ciò non significa che io vedrei di buon grado il diffondersi di una totale anarchia nel campo dei fondamenti della matematica, e neppure che consideri probabile un tale sviluppo. In realtà, come ho spiegato altrove (al congresso di Gerusalemme del 1964), sebbene possa dirmi un formalista, mi sento costretto ad ammettere l'esistenza di certe forme fondamentali di pensiero (in logica, in aritmetica, e forse anche in teoria degli insiemi) che sono precedenti alla scelta arbitraria degli assiomi matematici. Si può sperare forse che dalle attuali difficoltà nasca una più profonda comprensione di questo nucleo comune a tutta la matematica.

L. KALMÁR: *Sul ruolo delle teorie del secondo ordine.*

Vorrei fare in primo luogo qualche osservazione sul *ruolo delle teorie del secondo ordine.* Ho l'impressione che, mentre il professor Mostowski ha usato la logica del secondo ordine per costruire proposizioni aritmetiche che risultano indecidibili in alcune teorie assiomatiche degli insiemi, per Kreisel i metodi del secondo ordine siano altrettanto utili e correnti di quelli del primo ordine. Non sono d'accordo con lui. Voglio dire, l'assiomatizzazione della teoria degli insiemi di Neumann-Bernays-Gödel fu un grande successo perché eliminò dalla teoria degli insiemi la logica del secondo ordine (come pure la necessità di infiniti assiomi). Risulta infatti che la logica del primo ordine è molto più conveniente nella dimostrazione di un teorema della teoria degli insiemi (per esempio per tutti gli ordinali) che non la logica (o gli schemi di assioma) del secondo ordine. Orbene, la logica del secondo ordine ci può aiutare ad ottenere metateoremi che sono diversi, o addirittura contraddicono quelli ottenuti mediante la logica del primo ordine, come nel caso del problema della categoricità. Tuttavia, credo che i risultati di categoricità del secondo ordine siano *ingannevoli*: servono solo a confondere gli ordinari matematici che non sanno abbastanza di logica per distinguere tra metodi del primo ordine e metodi del secondo ordine. Si può dire scherzosamente che mentre i ragionamenti del primo ordine sono utili per dimostrare teoremi matematici veri, i ragionamenti del secondo ordine sono utili per dimostrare teoremi metamatematici falsi. Naturalmente, invece di chiamarli falsi, facciamo loro l'onore di chiamarli metateoremi del secondo ordine. Non credo comunque che i teoremi di categoricità del secondo ordine possano servire ad alcuno scopo corretto. Ciò non esclude naturalmente l'uso dei metodi del secondo ordine per stabilire interessanti risultati di indecidibilità o di indipendenza.

Quanto al perché si debbano accettare assiomi dell'infinito tanto forti nella teoria degli insiemi penso che si sia pronti a farlo perché si vuol riconquistare quanto più è possibile del 'paradiso perduto' della teoria ingenua degli insiemi. Sono però d'accordo con Mostowski che nessuna delle teorie degli insiemi possibili può reclamare il posto centrale nella matematica che sarebbe stato occupato dalla teoria degli insiemi di Cantor se non fosse stato per i paradossi. Immagino che in futuro ci riuscirà altrettanto naturale dire "si prenda una teoria degli insiemi S", di quanto facciamo oggi quando prendiamo un gruppo G o un campo F. Naturalmente talvolta prenderemo una teoria S ben determinata (cioè un modello qualsiasi di un certo sistema assiomatico della teoria degli insiemi).

A. MOSTOWSKI: *Replica.*

In tutti e tre i contributi dei partecipanti a questa discussione ricorrono due questioni generali.

Una di esse è il problema del ruolo degli assiomi della teoria degli insiemi. Gli assiomi inventati da Zermelo e Fraenkel (e altri assiomi analoghi) sono in qualche modo privilegiati, e se non lo sono quali nuovi assiomi aggiungere a ZF o sostituire a tali assiomi?

Il secondo problema è costituito dall'eventuale ruolo della logica di ordine superiore nei fondamenti della teoria degli insiemi. Oltre a questi due problemi, c'è la severa critica del mio articolo espressa dal professor Kreisel, il quale fa anche un certo numero di interessanti osservazioni

Considererò anzitutto le due questioni generali. Sono completamente d'accordo col professor Robinson che l'importanza delle recenti scoperte metamatematiche sulla teoria degli insiemi dipende, in ultima analisi, dal ruolo degli assiomi di Zermelo-Fraenkel. Egli prevede una biforcazione, o addirittura una multiforcazione, della teoria degli insiemi. Come ho detto nel mio lavoro, sono pienamente d'accordo che ciò costituisce la direzione più probabile che la teoria astratta degli insiemi assumerà in futuro. Il quadro tracciato dal professor Kalmár nella seconda parte delle sue osservazioni non è sostanzialmente diverso da quello considerato dal professor Robinson. Posso solo aggiungere che le varie teorie degli insiemi che forse compariranno in futuro dovranno poggiare su una solida base intuitiva. Altrimenti è difficile immaginare quale potrebbe essere il loro ruolo. Perciò non è affatto certo che nella scelta di una teoria degli insiemi si avrà un grado di libertà paragonabile a quello di cui si dispone attualmente, per esempio, nella teoria dei gruppi.

Se si suppone che le varie teorie degli insiemi rivali avranno lo stesso richiamo intuitivo, mi sembra inevitabile concludere che nessuna di esse potrà essere considerata come la teoria matematica fondamentale. L'impossibilità di operare una scelta tra gli assiomi della teoria degli insiemi indica, a mio avviso, che non esiste una teoria assiomatica degli insiemi migliore e perciò non posso essere d'accordo con l'affermazione finale delle osservazioni del professor Kreisel (primo capoverso della sua "Conclusione").

Leggendo il testo delle osservazioni del professor Kreisel, si ha l'impressione che egli consideri perfettamente chiara la nozione di insieme come collezione di oggetti ('insieme di'). La sua affermazione sull'evidenza intuitiva dell'assioma di scelta mi sembra alquanto azzardata in vista degli insiemi paradossali di cui si può dimostrare l'esistenza, con l'aiuto di tale assioma. Va inoltre ricordato che la maggioranza dei cosiddetti matematici di professione accettò sempre la nozione intuitiva di insieme come 'collezione', e tuttavia non fu in grado di risolvere una quantità di problemi apparentemente molto semplici. Si è perciò autorizzati a chiedersi se la nozione di collezione arbitraria di oggetti sia davvero così semplice e chiara come sembra a prima vista.

Naturalmente non è impossibile che non si sia fatto alcun progresso sostanziale nello studio, per esempio, dell'ipotesi generalizzata del continuo semplicemente perché il problema è troppo difficile per poter essere risolto nel giro di due o tre generazioni di matematici.

In vista dell'enorme successo ottenuto da Gödel con la sua nozione di insieme costruibile nello studio di vari problemi sugli insiemi, guadagna terreno l'idea (anch'essa formulata da Gödel) che la nozione vaga di 'insieme' richieda una chiarificazione. D'altra parte niente ci costringe a limitarci solo agli insiemi costruibili, e la teoria di Cohen conforta la nostra riluttanza ad ammettere un tale assioma. Si è quindi indotti ad accettare l'idea di una biforcazione, o addirittura di una multiforcazione, della teoria degli insiemi. Un quadro del genere ha per me un'attrattiva molto maggiore e mi sembra corrispondere meglio alla situazione attuale della teoria degli insiemi che non la convinzione che la nozione di collezione qualsiasi di oggetti sia chiara.

Non discuterò qui in dettaglio il problema della logica del secondo ordine e delle sue applicazioni ai fondamenti della teoria degli insiemi, poiché ho già detto quel che ne penso nel mio contributo alla discussione della conferenza del professor Bernays (pp. 52-3). In vista di quanto ha detto il professor Kalmár nella prima parte delle sue osservazioni aggiungerò solo che, a mio parere, la logica del secondo ordine è una parte della teoria degli insiemi. Mi sembra perciò che essa costituisca una parte del tutto legittima della matematica, e che i suoi teoremi, come pure i teoremi metamatematici dimostrabili per sistemi basati su tale logica, non siano né ingannevoli né falsi. Essi richiedono semplicemente assunzioni più forti di molti teoremi metamatematici relativi a sistemi basati sulla logica del primo ordine. È vero, come fa notare il professor Kreisel, che anche alcuni teoremi metamatematici relativi a sistemi basati sulla logica del primo ordine richiedono una certa dose di teoria degli insiemi; sotto questo aspetto non esiste dunque una differenza sostanziale tra le teorie basate sulla logica del primo ordine e quelle basate sulla logica del secondo ordine.

La situazione cambia se si cerca di applicare la logica del secondo ordine ai fondamenti della teoria degli insiemi. Si è convenuto che occorre cercare nuovi assiomi della teoria degli insiemi poiché quelli vecchi si sono rivelati insufficienti. La logica del secondo ordine ci fornisce immediatamente una facile risposta: si può accettare, per esempio, la seguente definizione: x è un insieme se e solo se è vuoto oppure

$$(\mathsf{E}t, z) \{(x \in z) \wedge (t \in x) \wedge (\mathsf{E}F)(y)[y \in x \equiv F(y)]\}.$$

Tutti i problemi della teoria degli insiemi si riducono allora a problemi della logica del secondo ordine. Ci si può aspettare qualcosa da questo approccio? Il professor Kreisel ha ragione quando sostiene che l'ipotesi del continuo è decidibile nella logica del secondo ordine, ma né lui né nessun altro ci può dire se essa sia decisa in senso positivo o in senso negativo. Per decidere la questione occorrerebbe decidere l'ipotesi del continuo. Dunque il professor Kreisel ha semplicemente riformulato il problema. Riassumendo: la logica del secondo ordine è un certo tipo di teoria degli insiemi, e non c'è da supporre che ci sia molto da guadagnare considerando contemporaneamente entrambe le teorie.

Forse questa è cattiva filosofia, ma ritengo che raramente accade che si possa chiarire una nozione discutendone contemporaneamente un'altra, altrettanto involuta e complicata della prima.

Per quanto riguarda le particolari questioni e osservazioni del professor Kreisel: (i) l'idea che la nozione di insieme è vaga e che la si può rendere più precisa, fu espressa da Gödel nell'articolo "The consistency of the axiom of choice and of the generalized continuum hypothesis", *Proc. Nat. Acad. Sci US* 24, 1938, pp. 556 e sgg.

Kreisel ha tuttavia ragione quando afferma che Gödel non rimase di quest'idea nell'articolo successivo sull'ipotesi del continuo. Personalmente trovo estremamente illuminante l'opinione espressa da Gödel nel primo articolo e mi scuso di non aver citato subito la fonte.

(ii) Dubito che molti dei matematici che erano attivi settant'anni fa aderissero al punto di vista della scuola francese, la quale certamente considerava la nozione predicativista di insieme come l'unica accettabile. Cantor, Frege e Dedekind costituiscono dei chiari controesempi.

(iii) Condivido l'opinione di Kreisel che nel mio articolo non sono riuscito a fare un confronto tra i risultati di Gödel sul ruolo degli assiomi dell'infinito nelle dimostrazioni di enunciati aritmetici, e il ruolo degli assiomi forti dell'infinito nel decidere, per esempio, l'assioma di costruibilità. Posso dire solo che mi sembra esista una profonda differenza tra questi risultati. Le proposizioni indecidibili costruite da Gödel e poi decise mediante gli assiomi dell'infinito furono dette dallo stesso Gödel 'formalmente indecidibili', mentre nessuno direbbe che l'ipotesi del continuo, per esempio, è solo un'asserzione formalmente indecidibile. Sono d'accordo, però, con Kreisel che questa distinzione è vaga, e che il problema richiede un'ulteriore analisi.

(iv) Circa la questione se gli assiomi di Zermelo-Fraenkel vennero accettati subito dai matematici di professione, sarei propenso a credere che certo lo furono nel caso di quei matematici che lavoravano sulla teoria astratta degli insiemi.

Naturalmente, non li accettarono i rappresentanti della scuola intuizionista né di quella semi-intuizionista, il che è comprensibile se solo si ricorda che essi respingevano in blocco la teoria astratta degli insiemi.

(v) La mia esperienza di insegnamento indica che l'indipendenza dell'assioma dell'infinito dai rimanenti assiomi di ZF (basati sia sulla logica del primo che su quella del secondo ordine) è un risultato banale. Confesso di non riuscire a capire perché il professor Kreisel pensi che non lo sia.

PAUL BERNAYS

Che cosa significano alcuni risultati recenti di teoria degli insiemi?

Le considerazioni che intendo presentare in questo articolo sono intimamente connesse coi problemi discussi dal professor Mostowski.[1]

Il primo fatto essenziale che emerge dal suo articolo è che i risultati di Paul J. Cohen sull'indipendenza dell'ipotesi del continuo non riguardano direttamente la teoria degli insiemi, ma piuttosto l'assiomatizzazione della teoria degli insiemi; e neppure l'assiomatizzazione originaria di Zermelo, ma un'assiomatizzazione più precisa che ammette una formalizzazione rigorosa.

È noto che un sistema rigorosamente formale di teoria degli insiemi è soggetto al paradosso di Skolem, il che significa che gli assiomi sono soddisfatti da un modello numerabile. Cohen sfrutta questo risultato in modo essenziale e i suoi ragionamenti rafforzano addirittura il paradosso di Skolem. Ad ogni modo, i modelli che egli presenta hanno il carattere di modelli non standard.

In generale la possibilità di modelli non standard di un sistema di assiomi è dovuta alla presenza di un principio in cui compare un concetto di insieme o di successione o di predicato. Perché la teoria dei modelli di un sistema di assiomi contenente tale principio abbia un carattere standard, dobbiamo identificare quel concetto con il concetto corrispondente della teoria dei modelli. Ciò non impedisce la formalizzazione: la teoria dei modelli di una teoria T verrà rappresentata in una teoria degli insiemi formalizzata S, e quando un principio di T contiene un concetto di insieme, questo sarà formalizzato mediante una variabile insiemistica di S. In tal modo, per esempio, si può dimostrare formalmente la categoricità dell'aritmetica.

Se la teoria T è la stessa teoria assiomatica degli insiemi, nel considerare i modelli di T, si adopereranno due distinte teorie degli insiemi.

[1] V. il suo articolo "Risultati recenti di teoria degli insiemi", in questo volume, pp. 21-32.

Anche la dimostrazione di Cohen procede, per così dire, combinando due teorie degli insiemi; quella in base a cui si distinguono le potenze transfinite, e l'altra in cui si stabilisce la numerabilità del modello originario. Ma, sebbene il procedimento di Cohen dia luogo a modelli non standard, col metodo indicato sopra si può dimostrare un certo tipo di categoricità degli assiomi della teoria degli insiemi, come fece Zermelo, senza formalizzazione, nel suo "Grenzzahlen und Mengenbereiche".[2]

È chiaro dunque che l'indipendenza dell'ipotesi del continuo è essenzialmente legata alla formalizzazione della teoria degli insiemi. Essa costituisce perciò un fatto analogo all'esistenza di modelli non standard dell'aritmetica formalizzata.

Potremmo ora chiederci fino a che punto ciò deponga a favore di una dottrina 'formalista'. Vi sono forme più deboli e forme più forti di 'formalismo':

Secondo una forma estrema, il significato di un teorema matematico consiste semplicemente nel fatto che esso risulta dimostrabile in un sistema formale deduttivo previamente adottato. Questa concezione è sotto ogni aspetto inadeguata. Per esempio, anche se si può derivare, nel sistema adottato, una formula del tipo "per ogni x: A (x)", ciò non significa che sappiamo se A (x) sia realmente valida per ogni x, a meno che non si sia data una dimostrazione di coerenza del sistema. Ma quest'ultima è una dimostrazione *intuitiva* di un teorema generale dell'aritmetica che va inteso *nel senso normale* se si vuol ottenere il risultato voluto. Ciò è stato ripetutamente sottolineato da Georg Kreisel.

Una versione molto più moderata del formalismo asserisce che la matematica in senso proprio ha per oggetto *ragionamenti costruttivi* di dimostrabilità e indimostrabilità; tuttavia, oltre alla matematica direttamente costruttiva, si ammettono anche derivazioni formali, purché queste vengano effettuate all'interno di sistemi la cui coerenza o è stata dimostrata o può essere assunta in base alla lunga esperienza che si ha di essi. Si tratta in ogni caso di una teoria ragionevole. Tuttavia, fra le proposizioni aritmetiche che hanno la forma di *possibili* teoremi costruttivi, ce ne sono molte indecise, come il classico problema del continuo. Dunque, in questa versione più moderata del formalismo, la matematica viene ad assumere un carattere non meno frammentario di quello che ha nella concezione classica. Inoltre, in base all'esperienza dei modelli non standard, appare chiaro che una teoria matematica come l'aritmetica non può essere rappresentata completamente in un sistema formale; e ciò non solo dal punto di vista della derivabilità, come ha dimostrato il teorema di incompletezza di Gödel, ma già da quello del potere

[2] *Fund. Math.* XVI, 1930. Trad. it. in questa antologia, pp. 177-195.

espressivo. Per una rappresentazione completa abbiamo bisogno di una successione aperta di sistemi formali.

Tutto ciò ben difficilmente depone a favore di una concezione formalista della matematica. Tuttavia le indagini di teoria della dimostrazione nel senso di un programma hilbertiano modificato, sono in ogni caso feconde. In particolare è proprio alla luce di tali indagini che si può meglio apprezzare il risultato di Cohen sull'indipendenza dell'ipotesi del continuo: dal punto di vista delle indagini insiemistiche, questo risultato è deludente; dal punto di vista della teoria dei modelli si può affermare che alla domanda originaria non si è data una risposta, poiché la dimostrazione di Cohen vale solo per un'assiomatizzazione *formalizzata* della teoria degli insiemi. Ma dal punto di vista delle indagini di *teoria della dimostrazione*, il risultato ha un significato definitivo, e qui, certamente, esso rappresenta un grande successo.

Si deve ammettere inoltre che, anche andando al di là delle dimostrazioni formalizzate e adottando un concetto *non ristretto* di predicato, non si ottiene ancora un metodo che permetta di affrontare i problemi non risolti, e in particolare il problema del continuo nel caso della teoria degli insiemi. Perciò la situazione può essere descritta nel modo seguente:

(1) Dal punto di vista della teoria della dimostrazione, dobbiamo riconoscere che c'è un'infinità di sistemi della teoria degli insiemi di Zermelo-Fraenkel, che differiscono tra loro per la potenza del continuo, e che sono tutti coerenti se l'originaria teoria degli insiemi di Zermelo-Fraenkel è coerente.

(2) Se in teoria assiomatica degli insiemi si va oltre i metodi strettamente formali applicando lo schema di assioma di isolamento e lo schema di assioma di rimpiazzamento con un concetto *non ristretto* di predicato, allora la teoria dei modelli mostra che la potenza del continuo è la stessa in ogni modello degli assiomi di Zermelo-Fraenkel; e tuttavia non siamo in grado di determinare con alcuno dei metodi finora noti quale sia in effetti la potenza del continuo.

L'incapacità di affrontare con successo il problema del continuo è certamente connessa col fatto che la nostra conoscenza del continuo è molto limitata. Non siamo nemmeno in grado di definire effettivamente un sottoinsieme del continuo di cui si possa mostrare che ha la potenza dei numeri della seconda classe. Perciò la teoria delle potenze transfinite è frammentaria già nelle sue parti iniziali. Inoltre, come sappiamo dalle antinomie, le potenze transfinite non costituiscono una struttura matematica a differenza dei numeri naturali. Dunque sarebbe illusorio credere che si possano esaurire tutti i possibili metodi di generazione di nuove potenze.

Senza dubbio, lo studio delle potenze più elevate presenta un notevole interesse. Ma questo compito degli studiosi di teoria degli insiemi va tenuto distinto dall'altro, di fornire un'opportuna base insiemistica alle discipline matematiche fondamentali.

Il requisito di oggettività matematica non impedisce una certa libertà nel costruire le teorie. Dobbiamo far uso di questa libertà per costruire le teorie matematiche in modo tale da renderle, per quanto possibile, delle dimore confortevoli per il nostro intelletto.

DISCUSSIONE

A. MOSTOWSKI: *La dimostrazione di indipendenza di Cohen e le formalizzazioni del secondo ordine.*

Intendo fare qualche commento sulla distinzione, operata nell'articolo del professor Bernays, fra teorie degli insiemi assiomatizzate e teorie degli insiemi formalizzate. Secondo il professor Bernays, il risultato di indipendenza di Cohen è stato stabilito definitivamente solo per queste ultime. A tale proposito, desidero sottolineare che esistono nella letteratura dimostrazioni dei risultati di Cohen che non presuppongono l'esistenza di modelli numerabili della teoria degli insiemi. Una dimostrazione del genere fu data da P. Vopěnka nel suo articolo "L'indipendenza dell'ipotesi del continuo", *Comment. Math. Univ. Carolinae*, Praga 1964, apparso anche in riassunto nel *Bulletin of the Polish Academy of Science*, vol. 13, 1965. Le dimostrazioni di Vopěnka fanno uso di una interpretazione. Egli definisce nel linguaggio della teoria degli insiemi di Gödel-Bernays un nuovo predicato $\in'$ che soddisfa tutti gli assiomi e la negazione dell'ipotesi del continuo. Il predicato $\in'$ dipende da un parametro j che denota un ultrafiltro di un'opportuna algebra di Boole. In questo modo Vopěnka dimostra nella teoria degli insiemi di Gödel-Bernays l'enunciato

$$(\mathrm{E}j)\{BG(\in') \wedge \neg H(\in')\}$$

dove BG è la congiunzione degli assiomi, H è l'ipotesi del continuo espressa nel linguaggio del sistema di Gödel-Bernays, e BG $(\in')$ e H $(\in')$ sono formule ottenute da BG e H sostituendo ovunque le formule atomiche della forma $u \in v$ con $\in'$ (j, u, v).

In virtù di questo risultato, l'affermazione che "l'indipendenza dell'ipotesi del continuo è essenzialmente legata alla formalizzazione della teoria degli insiemi" appare ingiustificata. L'assiomatizzazione usuale è già sufficiente purché si adoperi soltanto un numero finito di assiomi del primo ordine.

Molti matematici che non operano nel campo dei fondamenti sono oggi pronti ad accettare il sistema di Gödel-Bernays come *la* teoria degli insiemi. Adottando tale punto di vista, è inevitabile concludere che la ipotesi del continuo è indipendente dagli assiomi esattamente nello stesso senso in cui, per esempio, l'assioma $(x, y)\ (xy = yx)$ è indipendente dagli assiomi della teoria dei gruppi.

In virtù di quanto detto dal professor Bernays circa la trasgressione del punto di vista assiomatico, credo che egli sarebbe propenso a considerare questo risultato come un indizio del fatto che un'identificazione del sistema di Gödel-Bernays con la teoria intuitiva degli insiemi risulti ingiustificata. Tale è, in ogni caso, il mio punto di vista. Abbiamo bisogno di nuovi assiomi per codificare la teoria intuitiva degli insiemi. Il fatto preoccupante è che non sappiamo dove cercarli.

Permettetemi di aggiungere ancora qualche parola sulle assiomatizzazioni del secondo ordine della teoria degli insiemi. Di proposito ho evitato di paragonare il risultato di Cohen all'indipendenza del quinto assioma di Euclide. Quest'ultima, come ha notato Bernays, vale per assiomi della geometria del secondo ordine mentre la teoria assiomatica degli insiemi di Zermelo-Fraenkel basata sulla logica del secondo ordine ha un tipo di categoricità non posseduta dalla geometria assoluta basata su tale logica. Questo punto è sottolineato nell'articolo di Kreisel. Tuttavia, come è stato puntualizzato in questi due articoli e specialmente in quello di Bernays, se si passa dalla logica del primo ordine a quella del secondo ordine non si ottiene alcuna ulteriore informazione sullo stato del problema del continuo.

Ciò evidentemente consegue dal fatto che la logica del secondo ordine, con la sua nozione semantica di conseguenza, non costituisce almeno per il momento un sistema operativo. Occorrono assiomi che caratterizzino la nozione di predicato qualsiasi: la soluzione del problema del continuo dipende essenzialmente dalla scelta di questi assiomi. Ma il problema della loro scelta non coincide in ultima analisi col problema di trovare opportuni assiomi per la nozione di insieme? Gli insiemi considerati in matematica sono per loro natura oggetti del secondo ordine. Non mi pare, dopo tutto, che ci sia nulla da guadagnare sdoppiando il problema e formulandolo separatamente per gli insiemi considerati come elementi dell'universo di una teoria assiomatica e per gli insiemi considerati come 'predicati estensionali'.

Y. BAR-HILLEL: *I pericoli del modo di parlare platonista.*

A costo di ripetere osservazioni fatte a proposito di altre comunicazioni qui presentate, permettetemi di riaffermare ancora una volta che frasi come "la nostra conoscenza del continuo è molto limitata", usata dal professor Bernays, possono indurre chi le usa a credere che da qualche parte (forse in un cielo platonico) giaccia il continuo ideale, pronto ad essere conosciuto e guardato da chiunque abbia un'intuizione sufficientemente chiara e abbastanza capacità e voglia di usare la sua esperienza mentale. Il requisito di oggettività della matematica deve e può essere soddisfatto senza far ricorso a queste dubbie metafore, per non dir di peggio.

Quanto alle osservazioni di Mostowski, permettetemi di riaffermare ancora una volta che non riesco a trovare in me stesso nulla che possa essere tentato di chiamare una concezione della 'teoria intuitiva degli insiemi', e che ho profondi dubbi su che cosa intendano esattamente gli altri quando usano questa espressione, specie con l'articolo determinativo. Mentre Mostowski trova preoccupante che lui e molti matematici non sappiano dove cercare i nuovi assiomi che potrebbero finalmente codificare la teoria, io al contrario trovo preoccupante la preoccupazione di Mostowski.

P. SUPPES: *E dopo la teoria degli insiemi?*

Come hanno sottolineato gli articoli di Bernays e Kreisel, le formulazioni del secondo ordine della teoria degli insiemi appaiono promettenti e devono essere esplorate a fondo. Nondimeno mi sembrano giuste le osservazioni di Mostowski sull'articolo di Bernays. È chiaro che i risultati di indipendenza di Cohen ammettono un'interpretazione standard e naturale che stabilisce definitivamente l'indipendenza dell'ipotesi del continuo senza riferirsi ad una particolare formalizzazione. A meno che non salti fuori qualche fatto effettivamente nuovo dalle teorie degli insiemi del secondo ordine, la situazione concettuale nella teoria degli insiemi sembra oggi molto simile a quella della geometria dopo la dimostrazione dell'indipendenza del postulato delle parallele. La presente teoria degli insiemi, per esempio nella versione di Gödel-Bernays, continuerà, come la geometria euclidea, ad occupare un posto importante nella matematica, ma la ricerca di un nuovo tipo di fondazione è inevitabile. Mi pare improbabile che ci si accontenti dell'idea che esistano molte fondazioni distinte della matematica per il fatto che ci sono molte teorie degli insiemi. Ancora una volta la ricerca si orienterà verso un'unica formulazione unificatrice dei fondamenti. Certo è troppo presto per prevedere con una certa sicurezza in quale direzione si muoverà tale ricerca, anche se forse si può prevedere un intensificarsi delle indagini nel campo della logica del secondo ordine.

C'è tuttavia una direzione su cui vorrei richiamare l'attenzione, e spiegare perché la ritengo promettente. Per ragioni difficilmente comprensibili, le ricerche classiche sui fondamenti hanno posto l'accento sulla natura e sulla costruzione degli oggetti matematici. Gli intensi sviluppi della teoria dei modelli negli ultimi trent'anni hanno accresciuto questo interesse. D'altra parte, sia nel formalismo che nell'intuizionismo c'è una forte tendenza che potrebbe facilmente indurre a concentrare l'attenzione sulla natura del pensiero matematico. Il recente lavoro di Kreisel sulla teoria finitistica della dimostrazione e sul rigore non formale ne offre qualche esempio concreto, altri ne fornisce la fiorente scienza dei calcolatori. Il problema della natura degli oggetti matematici sembra pressocché fuor di luogo nel contesto della programmazione dei calcolatori, compresi gli studi teorici sulle caratteristiche di linguaggi particolari come l'ALGOL o il FORTRAN. Non riesco a vedere un problema di maggiore importanza per la filosofia della matematica, della ricerca di una precisazione dettagliata del linguaggio di programmazione del cervello. Il fatto è che sappiamo ancora molto poco su come pensiamo in matematica. Mi rendo conto che una questione del genere non nasce da alcuna delle conclusioni cui giunge l'articolo di Bernays. La sua importanza sta nel fatto che essa tenta di prospettare una direzione della ricerca sui fondamenti più o meno ortogonale alla ricerca di una nuova e migliore teoria degli insiemi, forse del secondo ordine.

P. BERNAYS: *Replica.*

Apprezzo molto i commenti al mio lavoro presentati dai professori Mostowski, Bar-Hillel e Suppes. Essi mi danno modo di aggiungere qualche chiarimento e qualche osservazione supplementare.

Qualche critica è nata, credo, da un malinteso causato dal mio modo di esprimermi sintetico: all'inizio ho parlato (in rapporto all'assiomatizzazione originaria di Zermelo della teoria degli insiemi) di "una assiomatizzazione più precisa che ammette una formalizzazione rigorosa"; in seguito ho parlato semplicemente di "formalizzazione della teoria degli insiemi" e di "assiomatizzazione formalizzata della teoria degli insiemi", ma ciò andava inteso nello stesso senso. Per quanto riguarda la applicabilità del risultato di Cohen, non ha certamente alcuna importanza (e qui sono pienamente d'accordo con Mostowski e Suppes) che la teoria assiomatica degli insiemi sia presentata o meno sotto forma di sistema formale, né tantomeno in quale particolare sistema sia formalizzata. Ciò da cui dipende l'applicabilità è la citata assiomatizzazione più precisa che permette una formalizzazione rigorosa, cioè, la delimitazione ad opera di Fraenkel-Skolem del concetto zermeliano di *definite Eigenschaft*.

La critica del professor Bar-Hillel è anch'essa diretta contro un certo modo di esprimermi nel mio lavoro. Io ho parlato della "nostra conoscenza del continuo" nel senso abituale in matematica, dove il continuo è accettato come un oggetto di indagine alla stessa stregua, per esempio, di un gruppo topologico o di uno spazio hilbertiano. Bar-Hillel si oppone a questo modo di parlare. Egli vuole ricordarci che è possibile un atteggiamento più prudente nei riguardi degli oggetti matematici. Un tale atteggiamento più prudente rientra in effetti negli scopi della teoria della dimostrazione. Tuttavia non ho dimenticato nel mio lavoro l'aspetto della teoria della dimostrazione; ho anzi osservato che è proprio sotto tale aspetto che il risultato di Cohen può essere meglio apprezzato.

Il professor Suppes menziona la teoria costruttiva della dimostrazione come una delle tendenze che possono indurre a concentrare l'attenzione sulla natura del pensiero matematico, e in particolare nella direzione della ricerca di "una precisazione dettagliata del linguaggio di programmazione del cervello". Tale compito consiste in effetti nel cercare opportune forme standard per la formazione di concetti e per la posizione di problemi. La logica combinatoria tende a qualcosa di simile, ma forse non ha ancora trovato modelli abbastanza convenienti. Se si riuscisse a realizzarlo allora forse la teoria degli insiemi nella sua forma attuale diverrebbe ridondante e si potrebbero superare le attuali difficoltà.

GEORG KREISEL

Rigore non formale
e
dimostrazioni di completezza

È un luogo comune che il rigore formale consista nello stabilire delle regole formali e nel verificare che una data derivazione segue le regole. Uno dei risultati più importanti della logica matematica è l'analisi di Turing della nozione di regola formale. Il rigore formale *non* vale per la scoperta o scelta di regole e di nozioni formali; né di nozioni fondamentali come quella di *insieme* nella cosiddetta matematica classica, né di nozioni tecniche come quelle di *gruppo* e di *prodotto tensoriale* (tecniche, perché formulate in termini di una struttura fondamentale già esistente).

Secondo un'idea 'fuori moda' regole e definizioni si ottengono analizzando le nozioni intuitive e fissandone le proprietà. Questo è certamente quanto pensavano di fare i matematici quando definivano la lunghezza o l'area, ovvero, per quanto ci riguarda, i logici quando cercavano regole di inferenza o assiomi (proprietà) di strutture matematiche come il continuo. Tale idea generale vale tanto per la cosiddetta concezione realista della matematica, che suppone che queste nozioni intuitive siano connesse con il mondo esterno più o meno nello stesso modo in cui il numero 4 entra a far parte di ogni configurazione consistente di 4 elementi, quanto per la concezione idealista, che nega tutto ciò, o almeno considera inessenziale per la matematica tale connessione. Ciò che l'idea 'fuori moda' dà per scontato è, semplicemente, che le nozioni intuitive hanno un *significato*, nel mondo esterno o nel pensiero (e una formulazione *precisa* di che cosa ha significato in un certo campo è un risultato e non il punto di partenza delle ricerche in quel campo).

Il rigore non formale vuole (i) rendere quest'analisi quanto più precisa è possibile (con i mezzi a disposizione), in particolare eliminando le proprietà dubbie delle nozioni intuitive nel trarre conclusioni relative ad esse; e (ii) estendere l'analisi, in particolare non lasciando indecise questioni che possono essere decise facendo pienamente uso di proprietà evidenti delle nozioni intuitive. In seguito ci occuperemo soprattutto di quelle nozioni intuitive che non trovano posto nella pratica matematica ordinaria (le cosiddette nuove *nozioni primitive*), ma danno luogo a nuovi assiomi per le nozioni correnti. Discuteremo tre applicazioni, seguendo per lo più l'idea 'fuori moda' di sviluppare un po' più di prima l'analisi delle nozioni intuitive considerate. Il par. 1 tratta della differenza tra i consueti risultati di indipendenza (come l'indipendenza dell'assioma delle parallele dagli altri assiomi della geometria) e l'indipendenza dell'ipotesi del continuo. La differenza viene formulata in termini della nozione di conseguenza di ordine superiore. Il par. 2 si occupa delle relazioni tra la nozione di conseguenza logica intuitiva, da un lato, e la cosiddetta nozione di conseguenza semantica, rispettivamente sintattica, dall'altro. Il par. 3 analizza le proposizioni 'empiriche' adoperate da Brouwer nella sua dimostrazione di

$$\sim \forall \alpha [\sim \sim \exists x (\alpha x = 0) \supset \exists x (\alpha x = 0)].$$

I par. 2 e 3 hanno rilevanza per la questione della completezza della logica dei predicati classica e intuizionista, il che spiega il titolo di questa conferenza. In generale, i problemi di completezza (di regole) comportano il rigore non formale, almeno quando si cerca di stabilire la completezza rispetto ad una nozione intuitiva di conseguenza: cfr. l'Appendice B.[1]

L'Appendice A contiene una teoria assiomatica delle proprietà definibili, che viene usata nel par. 2 ma che riveste un interesse autonomo poiché formula una relazione generale che comprende come caso particolare il ben noto passaggio dagli insiemi alle classi.

(0) *Il processo al rigore non formale* (ovvero: dottrine antifilosofiche). Il presente convegno ha mostrato senz'ombra di dubbio che vari risultati logici recenti, in particolare i risultati di indipendenza della teoria degli insiemi, hanno lasciato disorientati i logici sul da farsi: in altri termini, tali risultati non 'parlano da sé' (a questi logici).

[1] Questa appendice è stata scritta per la presente traduzione e sostituisce un'appendice sui modelli non standard (ora rimpiazzata da [8]). Dal testo originale: L'appendice B fu scritta sotto lo stimolo della comunicazione sui modelli non standard presentata da Robinson a questo convegno. Essa consta di due parti più o meno indipendenti. Nella prima ci si chiede se siano più fondamentali i modelli standard o quelli non standard. Si propone un criterio in termini di *definibilità* (a favore dei modelli standard, com'era da aspettarsi da questa comunicazione 'fuori moda'). Nella seconda parte si esamina una questione proposta da A. Robinson, perché essa fornisce un ottimo esempio di *derivazione non formale degli assiomi*: ammessa l'esistenza di modelli non standard, risultano evidenti certi assiomi che estendono quelli dell'ordinaria aritmetica del primo ordine; dimostreremo che essi costituiscono un'estensione conservativa.

Sono convinto che le ragioni che stanno alla base del loro atteggiamento li rendono necessariamente sospettosi anche nei confronti del rigore non formale. Cercherò di analizzare qui queste reazioni.

(a) *Obiezioni dottrinarie* (*pragmatismo, positivismo*). Due obiezioni ben note al rigore non formale sono le seguenti.

(*i*) Perché prestare tanta attenzione alle nozioni intuitive? Quel che ci occorre sono definizioni e regole *fruttuose*; esse non devono essere *fedeli* a nozioni che già si posseggono. Si potrebbe forse aggiungere: tali nozioni non si formano in base a un'esperienza ben sviluppata; perché mai dovrebbero risultare feconde?

Oltre a quest'obiezione (pragmatica), ne esiste un'altra (positivista) più teorica.

(*ii*) Queste nozioni intuitive, in particolare le nozioni (astratte) di validità, di insieme, di numero naturale e, per non trascurare l'intuizionismo, di dimostrazione intuitivamente convincente, sono illusorie. Quando le si esamina a fondo, si scopre che il loro contenuto concreto consiste in ciò che facciamo, nel modo in cui operiamo; e, in matematica, ciò significa nelle operazioni formali che eseguiamo.

Non si può negare a tali obiezioni una certa superficiale plausibilità. In primo luogo, quando qualche nozione intuitiva astratta risulta equivalente, almeno in un certo contesto, a una relazione positivista (cioè a una relazione definibile in termini particolarmente ristretti), ciò ha sempre delle conseguenze importanti. Per esempio (per dettagli si veda il par. 2), la nozione di conseguenza logica applicata a formule del primo ordine è equivalente a quella di derivabilità formale, e i sistemi assiomatici del primo ordine consentono una teoria più generale che non i sistemi di ordine superiore. Di conseguenza, ad un certo punto, il lavoro (pragmaticamente) più fruttuoso sull'argomento può consistere semplicemente nell'utilizzare la scoperta di tale equivalenza. In secondo luogo, può colpire la lentezza dei progressi del lavoro su alcune nozioni intuitive, particolarmente quelle associate a questioni filosofiche tradizionali: il pragmatismo scoraggia tale lavoro, e il positivismo cerca di dare una spiegazione teorica della lentezza dei progressi. Ora, obiettivamente, tale atteggiamento negativo non è confortato dai fatti, perché i progressi sono stati lenti anche in quei casi in cui *si ottennero* alla fine dei risultati decisivi. (Circa trent'anni intercorrono tra la prima formulazione di Hilbert del programma finitista, cfr. (c), p. 65, e il teorema di incompletezza di Gödel; e occorsero quasi altri trent'anni prima che si tentasse di fornire un'analisi precisa della nozione di dimostrazione finitista). Ma, soggettivamente, se una particolare persona *si scoraggia* per la lentezza dei progressi, farebbe meglio a cercarsi un'altra occupazione. Certo, scientificamente parlando, si è in una posizione completamente falsa se ci si trova impegnati sia nella filosofia come professione che in concezioni antifilosofiche come il pragmatismo e il positivismo (dopo essere stati attratti forse in gioventù da questioni tradizionali). Infatti, dopo aver ripudiato le nozioni specificamente filosofiche, ci si ritrova con quelle che sono comuni anche a specialisti di altri campi: che cosa si può sperare di fare a confronto di questi specialisti? Ivi comprese la chiarificazione e la spiegazione (se queste vanno fatte in termini correnti)? Credo che il senso della falsità della propria posizione sia avvertito consciamente da molte delle persone interessate. Ciò posto, che cosa c'è che non va in (i) e (ii)? Semplicemente questo. *Sebbene sollevino dubbi e possibilità perfettamente legittime, esse non rispettano i fatti, almeno i fatti dell'esperienza intellettuale.* Ciò è particolarmente irritante, poiché il pragmatismo si mostra tanto ossequioso nei confronti dell'esperienza e il positivismo afferma di avere un orientamento empirista.

Ad (*i*). Ammettiamo pure di conoscere grosso modo che cos'è fruttuoso; dopotutto, anche qui (come nel caso del significato), una formulazione precisa può risultare possibile solo in base a una notevole esperienza. Forse non sappiamo in generale per quale ragione le nozioni intuitive *abbiano potuto* sostenere bene il test dell'esperienza; come si dice talvolta: avrebbe potuto essere diversamente. Rimane però il fatto che esse, o almeno molte di esse, lo hanno fatto, e un attimo di riflessione mostra che, se non fosse stato così, non si sarebbe potuto avere ciò che si intende per 'scienza'. Invece di cercare di scoprire le ragioni, e i limiti, di questa situazione superficialmente sorprendente, (i) ne nega l'esistenza (un pragmatismo molto poco pragmatico)! Vanno ricordati a questo punto due cosiddetti principi pragmatici legati tra loro. Si afferma che ogni problema va affrontato 'nel merito'; si può essere costretti a farlo: ma, preso alla lettera, ciò lascerebbe poco spazio ad una teoria generale, o anche alla distinzione tra ciò che è fondamentale e ciò che è secondario. O ancora (in matematica) talvolta si criticano con compiacimento le dispute 'fuori moda' sull'esatta definizione di misura o sull'esatta topologia, perché esistono varie definizioni. Quel che sorprende di più qui è quanto *poche* di esse risultano utili: tali definizioni non sono cadute dal cielo; esse, ovviamente, furono formulate *prima* delle loro applicazioni, e non vennero ottenute in generale per tentativi. Se fossero state ottenute in tal modo i matematici non dovrebbero mostrarsi così sprezzanti nei confronti dello studio di piccole varianti delle definizioni. Osservazioni analoghe valgono per la scelta degli assiomi; ma poiché questo argomento è di immediata importanza logica, verrà affrontato a tempo debito in (b).

Ad (*ii*). È evidente che se, consapevolmente o inconsapevolmente, si insiste nell'analizzare il 'contenuto concreto' in termini positivisti, in particolare formali, questo è quanto si scoprirà. Sebbene aspetti più specifici del formalismo e della formalizzazione siano discussi dappertutto in questo articolo, e in particolare in (c) e nel par. 2 appresso, qualche questione di principio non è fuori di luogo qui. Avrebbe potuto darsi che le nozioni che presentano le difficoltà più serie in pratica fossero proprio quelle astratte. Ma, molto semplicemente, non è così: sapere se due iscrizioni *significano* la stessa cosa spesso non è più difficile di sapere se *dicono* la stessa cosa! Analogamente, come si è accennato a p. 61, talora si ha proprio che alcune nozioni sono pienamente rappresentabili in termini formalisti: ma ciò va verificato, e il par. 1 ne mostra i limiti. Forse si dovrebbe operare una distinzione tra il formalismo (e il positivismo), che è semplicemente una dottrina antifilosofica negativa, e una concezione *meccanicistica* del ragionamento ('meccanicismo' nel senso di Turing), secondo cui ci si può attendere una completa analisi formalista del ragionamento. Va sottolineato che, finora, il massimo che si è riusciti a dimostrare a favore di tale concezione è che in certi campi (per es. nella logica elementare: cfr. il par. 2) il ragionamento *potrebbe* essere meccanico, nel senso che con una macchina si otterrebbero gli stessi risultati, ma non che il ragionamento *è* meccanico, cioè che segue lo stesso procedimento della macchina. Può darsi che la concezione meccanicistica costituisca l'unica idea abbastanza chiara del ragionamento di cui si disponga al momento attuale. Ma un buon positivista non dovrebbe concluderne perciò che l'idea è corretta.

(b) *Inattendibilità di alcune nozioni intuitive; il ruolo della formalizzazione nella loro analisi.* Una questione molto più seria delle obiezioni 'portemanteau' (i) e (ii) di (a) concerne particolari nozioni astratte come, per fare l'esempio più celebre, la nozione di insieme. *I paradossi non hanno forse dimostrato la totale inattendibilità delle nostre convinzioni intuitive, almeno per quanto riguarda questa particolare nozione?*

Anzitutto, storicamente parlando, non c'è nulla di più lontano dal vero. Non fu Cantor un martire incompreso del diffuso pregiudizio reazionario contro l'uso della nozione di insieme (o di 'classe', come si diceva allora) in matematica? Se è così, i paradossi confermarono le convinzioni intuitive di quei reazionari.

Probabilmente è vero che tale cautela reazionaria era dovuta a questo: la nozione di *classe* si presentava come una nozione vaga, o più precisamente come una mescolanza di nozioni comprendente: (i) gli insiemi finiti di individui (cioè di oggetti privi di elementi), e (ii) gli insiemi *di* qualcosa (come, in matematica, gli insiemi di numeri, gli insiemi di punti), ma anche (iii) le proprietà o *intensioni* sulla cui estensione non è fissato alcun limite *a priori* (che sono molto comuni nel pensiero ordinario, ma non in matematica). Se si considerano insiemi *di* qualcosa, per es. insiemi di oggetti appartenenti ad a, allora l'assioma di comprensione va ristretto (per una proprietà qualsiasi P):

$$\exists x \forall y(y \in x \leftrightarrow [y \in a \,\&\, P(y)]);$$

ma se si considerano proprietà date in intensione, il cui campo di definizione non è determinato, si può ammettere

$$\exists Q \forall R[Q(R) \leftrightarrow P(R)]:$$

(dove le variabili variano sulle proprietà): si ricordi però che le proprietà non sono definite ovunque, per cui non valgono le leggi della logica a due valori. (Quindi, per essere precisi, i simboli logici nei due casi hanno un significato differente).

Ora, i reazionari sbagliavano perché almeno un elemento del miscuglio (cioè la nozione di insieme *di* qualcosa), descritto chiaramente per la prima volta da Russell e specialmente da Zermelo, si è rivelato straordinariamente chiaro ed esauriente. Ma prima di tale analisi le prospettive non erano rosee: quello che si poteva sperare era di formulare *asserzioni soddisfatte da tutti gli elementi del miscuglio*, e non sembrava probabile che questa 'parte comune' potesse dar luogo ad una teoria matematicamente ricca, o più precisamente ad un qualcosa in termini di cui si potesse interpretare la matematica (allora) corrente. Al contrario, degli assiomi che sono evidentemente validi per la particolare nozione isolata da Zermelo (la struttura cumulativa dei tipi) offrono un fondamento formale (anche) per gran parte della pratica matematica attuale.

Il problema principale che, a mio avviso, è rappresentato dai paradossi può essere espresso molto bene nel linguaggio fuori moda: *quali sono le leggi specifiche* (la 'logica') *soddisfatte dall'elemento intensionale del miscuglio grezzo*, in particolare dall'elemento (iii) che soddisfa l'assioma di comprensione non ristretto?[2]

[2] Il teorema di ricursione per le funzioni parziali (ricorsive) è analogo a tale assioma di comprensione: ciò potrebbe servire da modello 'in piccolo' di nozioni *molto* astratte che soddisfano anch'esse un assioma di comprensione senza restrizioni di tipi. Va sottolineato che le opinioni espresse nei due capoversi precedenti contraddicono quelle (implicite) nella letteratura: per es. Mostowski, negli Atti di questo convegno, vede il nucleo della teoria degi insiemi in una sorta di parte comune delle diverse nozioni di insieme, e Rasiowa e Sikorski [14] ritengono che i paradossi siano lettera morta (e sterile).

Seguono due *conclusioni* relative a questioni discusse in questo convegno. In primo luogo, l'analisi di Zermelo fornisce un esempio rigoroso di *scoperta degli assiomi* (per la nozione di insieme). Per evitare banali malintesi si noti questo: ciò che si intende dire qui è che la nozione intuitiva di struttura cumulativa dei tipi costituisce una coerente *sorgente* di assiomi; un po' di discernimento è sufficiente per evitare una serie infinita di ambiguità, che si risolvono mediante ulteriori distinzioni fondamentali, come la distinzione precedente tra proprietà astratte e insiemi *di* qualcosa. Da un punto di vista pragmatico (cfr. sopra (a)), non si ammetterà una collezione *ad hoc* di assiomi differenti per 'scopi' differenti (sebbene considerazioni *ad hoc* possano essere necessarie per mostrare quali dei nuovi assiomi sono importanti per uno scopo particolare). Negare la (presunta) *biforcazione* o *multiforcazione della nozione di insieme data dalla gerarchia cumulativa* non vuol dire altro che asserire le proprietà della concezione intuitiva della struttura cumulativa dei tipi sopra menzionata. Con ciò non si vuol negare il fatto ben noto che, oltre a tale struttura fondamentale, esistano anche modelli non standard tecnicamente interessanti, cfr. l'App. B, definiti in termini della struttura fondamentale. Dal presente punto di vista, è evidente l'importanza di aggiungere *assiomi forti dell'infinito* (esistenza di grandi ordinali α). L'aggiungerli, infatti, non limita le asserzioni incondizionate che si possono fare su segmenti iniziali della gerarchia al di sotto di α; ma l'ometterli ci impedisce di fare delle asserzioni incondizionate al di sopra di α. Si considerino, per esempio, l'assioma dell'infinito (esistenza di ω) che è incluso tra gli assiomi di Zermelo, un teorema aritmetico *A* dimostrabile nella teoria di Zermelo e un teorema aritmetico *B* dimostrabile solo mediante l'ipotesi di Riemann. Se non si ammette l'esistenza di ω, sia *A* che *B* sono ipotetici: 'statisticamente', suppongo, 'egualmente' giustificati, dal momento che, dopotutto, l'ipotesi di Riemann non ha dato luogo a contraddizioni (altrimenti sarebbe refutabile). Ma, intuitivamente, *A* è stato dimostrato e *B* no. A meno che non si neghi la validità di questa distinzione, l'omettere l'assunzione di ω è in contrasto con il requisito (ii) sul rigore non formale di p. 59 e segg.

In secondo luogo, l'effettiva *formulazione* degli assiomi svolse un ruolo ausiliario, e non fondamentale, nel lavoro di Zermelo: l'analisi intuitiva del miscuglio grezzo di nozioni, cioè la descrizione della struttura dei tipi, condusse agli assiomi giusti: questi sono semplicemente un risultato e non gli strumenti della chiarificazione. Un'analoga analisi concettuale sarà necessaria per risolvere il problema dei paradossi.

(c) *Formalizzazione.* Quanto è stato detto precedentemente sulla formulazione degli assiomi, vale a maggior ragione per la formulazione delle regole di inferenza (per ulteriori dettagli si veda il par. 2). Infatti, da un punto di vista molto *generale*, c'è da attendersi che la formalizzazione svolga sempre un ruolo ausiliario nell'analisi delle nozioni. Il compito della formalizzazione è, dopotutto, quello di registrare e di codificare le argomentazioni senza distinguere le buone dalle cattive. E, a parte il discorso generale, se si considerano le cosiddette 'crisi' della matematica, si vede che il disaccordo non riguardò mai le inferenze in sé, ma gli assiomi (per es. l'assioma di comprensione) o le *regole* di inferenza (per es. la legge del terzo escluso nella critica intuizionista). Dunque la *precisione della nozione di conseguenza non costituì mai una questione primaria.* Se si è convinti che la precisione sia lo scopo principale della formalizzazione, e la formalizzazione lo scopo principale della logica, non c'è da stupirsi che i matematici francesi considerassero la logica come l'igiene della matematica, e i matematici inglesi la considerassero come l'arte del mettere i puntini sulle i. (Quel che fa la logica è di studiare nozioni che prima non erano affatto riconosciute o che, se riconosciute, venivano usate solo euristicamente e non erano oggetto di studio dettagliato: tra queste, delle nozioni filosofiche tradizionali).

Pare certo che la formalizzazione sia davvero importante per il processo psicologico della conoscenza; ma non dispongo di una buona analisi dell'argomento. Esistono, però, dei motivi ben chiari per cui si è sopravvalutato il ruolo della formalizzazione nell'analisi *dei fondamenti.*

Anzitutto, probabilmente non sono pochi coloro che disdegnano il programma hilbertiano ma rimangono legati alla formalizzazione come per una sorta di riflesso collettivo. Hilbert voleva *dimostrare* (come avrebbero dovuto fare i positivisti sopra in (a)) che non si perde nulla se ci si limita a considerare operazioni formali, e trovò il modo di esprimere ciò sotto forma di problema matematico, cioè il suo programma. L'assiomatizzazione, in effetti la formalizzazione rigorosa delle inferenze, era *essenziale* per la formulazione stessa di tale programma. Tra l'altro, egli non intendeva *respingere* da un punto di vista generale la nozione di conseguenza del secondo ordine (v. par. 2) bensì mostrarne l'equivalenza, almeno in opportuni contesti, alla derivabilità formale, come era stato fatto per la nozione di conseguenza logica del primo ordine. Se non si fosse stati convinti di quest'equivalenza, non ci si sarebbe mai imbarcati nel programma hilbertiano.

In secondo luogo, l'esplicita formulazione degli assiomi e delle regole svolge senza dubbio un ruolo centrale nel lavoro quotidiano dei logici. *Esempi*: (i) Se si accettano i concetti fondamentali, si possono rendere più chiare le deduzioni *dagli* assiomi eliminando quelli formalmente non necessari per le conclusioni; tuttavia, per es. Zermelo, nella sua analisi, per chiarire il significato dei concetti fondamentali li rese *più* precisi. (ii) Si supponga di voler spiegare perché un certo problema sia aperto: si propone un sistema formale, cioè delle proprietà della nozione intuitiva che è probabile siano usate dai matematici; si avvalora questa proposta mostrando che la matematica corrente può essere ottenuta dagli assiomi, e si spiega la situazione mostrando che la questione non è decisa nel sistema formale. (Personalmente mi piace questo genere di questioni). (iii) Se si vuole ricordare una dimostrazione, si ricordano gli assiomi usati nella dimostrazione: quanto meno sono gli assiomi tanto meno sono le dimostrazioni che occorrerà ricordare.

Tutto questo, naturalmente, dimostra che buona parte del lavoro quotidiano dei logici non ha nulla a che fare con l'analisi dei fondamenti (anche se si preferirebbe il contrario). Come (quasi) disse un tale a Balaclava: *C'est magnifique, mais ce ne sont pas les fondements.*

1. *Assiomatizzazioni di ordine superiore e dimostrazioni di indipendenza.* Questo paragrafo parte della nozione precisa di insieme (nel senso della struttura comulativa dei tipi di Zermelo,[3] v. (b), p. 64), che *usa* per formulare e perfezionare alcune distinzioni intuitive. In particolare, si analizzano i concetti in relazione all'*ordine* del linguaggio necessario per definirli. Le relazioni tra questa esposizione tecnica (nel senso di p. 59) e il rigore non formale appariranno chiare da (c) appresso.

È evidente che l'argomento è tecnico perché l'idea stessa di definizione richiede un'interpretazione del linguaggio, per esempio dei simboli logici. Nel nostro caso questi ultimi vengono interpretati mediante le operazioni (insiemistiche) di complementazione, unione e proiezione. I linguaggi usati sono quelli della *logica dei predicati* (come, per es., nel libro di Church).

Esempi più o meno familiari. Nozioni come quelle di *relazione di equivalenza* o di *ordine* sono definite da formule del primo ordine

[3] Il professor Bar-Hillel chiese, nella discussione, se si parte da una struttura contenente *Urelemente*, cioè oggetti che non hanno elementi, ma sono diversi da Ø. La risposta è, evidentemente, sì, perché molti concetti non si presentano affatto come concetti di insiemi (per es.: mele, pere). È tuttavia un *teorema significativo* che le strutture classiche della matematica occorrono già, a meno di isomorfismi, nella gerarchia cumulativa *senza gli individui.* Per la riduzione della matematica alla teoria degli insiemi è importante convincersi che le caratteristiche intuitivamente significative sono invarianti a meno di isomorfismi, o almeno sono invarianti a meno di classi di isomorfismi definibili in termini insiemistici, per esempio di isomorfismi ricorsivi.

A_E, A_O rispettivamente, cioè nel calcolo dei predicati ordinario, nel senso che una struttura consistente di un dominio a e di una relazione b su a (cioè: $b = a \times a$) soddisfa A_E, A_O se e solo se b è una relazione di equivalenza, rispettivamente di ordine, su a. Oggi tutto questo è ben noto, ma che le nozioni intuitive di equivalenza o di ordine fossero definibili in termini di un linguaggio così semplice come quello della logica dei predicati del primo ordine non fu affatto una scoperta ovvia. Analogamente fu una scoperta che i soli concetti definibili univocamente in *questo* modo, a meno di isomorfismi, sono le strutture finite. Dunque tanto il potere espressivo quanto le limitazioni del linguaggio del primo ordine costituirono una sorpresa.

Le consuete strutture classiche (i numeri naturali con la relazione di successore, il continuo con una base densa numerabile, ecc.) sono definibili, come dimostrò Dedekind, mediante assiomi del *secondo* ordine. Zermelo dimostrò che la sua gerarchia cumulativa fino a ω, $\omega + \omega$ o $\omega + n$ (per un n fissato) e fino ad altri importanti ordinali, è anch'essa definibile mediante formule del secondo ordine. Ove si abbia una tale definizione del secondo ordine, ad essa è associato uno *schema* del primo ordine (nel linguaggio considerato). Per esempio, nell'assioma di Peano

$$\forall\, P\,[\{P(0)\,\&\,\forall x\,[P(x) \rightarrow P(x+1)]\} \rightarrow \forall x P(x)]$$

si rimpiazza il quantificatore del secondo ordine P con una lista delle P esplicitamente definibili nella consueta forma del primo ordine (a partire da $+$ e $\times$, per esempio). Un attimo di riflessione mostra che l'evidenza dello schema di assioma del primo ordine deriva dallo schema del secondo ordine: la differenza è che, quando si formula lo schema del primo ordine, si presuppone che ci si sia convinti che le particolari formule adoperate (in particolare, le operazioni logiche) sono ben definite in ogni struttura considerata: ma di questo ci occuperemo in seguito in (b). (*Avvertenza.* La scelta dello schema del primo ordine non è determinata univocamente dagli assiomi del secondo ordine! Per esempio gli assiomi di Peano menzionano esplicitamente soltanto la costante 0 e la funzione successore S, non l'addizione e la moltiplicazione. Lo schema del primo ordine, costruito a partire da 0 e S, costituisce un sottosistema debole, e tra l'altro decidibile, dell'aritmetica classica del primo ordine, del tutto inadeguato per formulare l'aritmetica non formale corrente. Il rigore non formale richiede una giustificazione della scelta di $+$ e $\times$ molto più dettagliata di quella generalmente fornita).

Un interessante esempio di concetto che richiede una definizione del terzo ordine è quello di cardinale misurabile [4]. Concetti del genere sono rari. Infatti, ogni volta che teoricamente ci si trova di fronte a tutta una gerarchia, in pratica ci si limita ad usare solo i suoi primissimi livelli, o una nozione completamente al di fuori della gerarchia. Si possono citare in proposito due concetti che non sono definibili mediante una formula della gerarchia dei linguaggi della logica dei predicati.

Evidentemente, né la struttura cumulativa dei tipi, né la struttura degli ordinali con la relazione d'ordine sono definibili mediante una formula di ordine finito (o transfinito), perché si richiede (almeno in genere) che l'universo delle strutture considerate sia un insieme, e nessun insieme è isomorfo alla totalità di tutti gli ordinali, tanto meno a quella di tutti gli insiemi; cfr. anche l'App. *A*.

N.B. Mediante l'uso di formule *infinite*, per esempio di formule infinite del primo ordine, è stata recentemente perfezionata la classificazione (alquanto grossolana) in termini di *ordine* del languaggio considerato. Tali formule, o almeno importanti classi $\mathcal{C}$ di esse, sono *intermedie* tra le formule del primo ordine e quelle del secondo ordine, perché qualsiasi struttura definibile mediante una formula di $\mathcal{C}$ è anche definibile mediante una formula (finita) del secondo ordine, ma non viceversa. L'ordinale ω ne è un esempio.

È chiaro che ciò che si ottiene nel caso di ω è un'analisi tecnica di certi insiemi di numeri interi mediante la nozione di numero intero (che è usata essenzialmente nella teoria delle formule infinite), forse perché si usa l'induzione per definire i numeri primi e per ottenere risultati su di essi.

Quel che è ben più interessante di quest'ovvia osservazione è che si può sviluppare una ricca teoria delle formule infinite: in particolare, molti utili teoremi relativi a formule finite del primo ordine possono essere estesi a formule infinite (accuratamente scelte), ma non a formule finite o infinite del secondo ordine.

(a) Una *riduzione* di asserzioni sulla nozione di conseguenza di ordine superiore a proposizioni del primo ordine del linguaggio della teoria degli insiemi. Poiché la nozione di realizzazione di una formula (o di modello) di ordine qualsiasi (fissato) è formulata in termini della nozione fondamentale di insieme, c'è da aspettarsi che, per es., $A \models_2 B$, cioè: B è una conseguenza della formula del secondo ordine A, sia esprimibile mediante una formula del primo ordine della teoria degli insiemi; più precisamente, che essa sia esprimibile mediante una tale formula, dove i quantificatori sono interpretati come varianti su tutti gli insiemi della struttura cumulativa dei tipi. C'è da aspettarsi questo semplicemente perché si dice sempre che il linguaggio del primo ordine è adeguato per tutta la matematica: perciò se non fosse adeguato per esprimere la nozione di conseguenza del secondo ordine, qualcuno lo avrebbe notato.[4]

Ciò è verificabile mediante un semplice calcolo. Inoltre la *definizione usa esattamente le stesse nozioni fondamentali della nozione di conseguenza del primo ordine*: solo che invece di un quantificatore $\forall a$ (su tutti gli insiemi), seguito da una formula i cui quantificatori sono ristretti ad a, cioè $(\forall b \in a)$, si ha una formula contenente anche quantificatori $(\forall b \subset a)$.

Come corollario segue che ogni conclusione formulabile in termini della nozione di conseguenza del secondo ordine può essere formulata anche mediante un'asserzione del primo ordine sulla struttura cumulativa dei tipi. Comunque, *euristicamente*, cioè per determinare l'asserzione del primo ordine, può essere molto utile pensare in termini di asserzioni del secondo ordine.

Esempio. Sia $\mathcal{Z}$ il sistema di Zermelo con l'assioma dell'infinito e sia IC la formulazione (canonica) dell'ipotesi del continuo nella forma seguente: se C_ω è la collezione degli insiemi ereditariamente finiti senza individui, $C_{\omega+1} = C_\omega \cup \mathfrak{P}(C_\omega)$, $C_{\omega+2} = C_{\omega+1} \cup \mathfrak{P}(C_{\omega+1})$, IC stabilisce che

$$X \subset C_{\omega+1} \rightarrow (\overline{\overline{X}} \leqslant \overline{\overline{C_\omega}} \vee \overline{\overline{X}} = \overline{\overline{C_{\omega+1}}}),$$

che è esprimibile mediante quantificatori su $C_{\omega+2}$. Come ha indicato Zermelo (vedi sopra), se usiamo la definizione insiemistica corrente $Z(x)$ della gerarchia cumulativa, in ogni modello di $\mathcal{Z}$ tale formula Z definisce una C_σ, per un ordinale limite $\sigma > \omega$. Si ha quindi

$$(\mathcal{Z} \vdash_2 IC) \vee (\mathcal{Z} \vdash_2 \sim IC).$$

Si noti che IC è formulata nel linguaggio del primo ordine della teoria degli insiemi.

(b) *Distinzioni* formulate in termini della nozione di conseguenza di ordine superiore. Contrariamente all'esempio precedente di IC, l'assioma di rimpiazzamento di Fraenkel non è deciso dagli assiomi di Zer-

[4] Ma non si può esserne sicuri al cento per cento: si prenda, per esempio, la cosiddetta definizione di verità. In tal caso si ha un insieme T di numeri naturali (i numeri di Gödel $\overline{\alpha_i}$ delle formule del primo ordine della teoria degli insiemi) tale che: $n \in T \leftrightarrow \exists\, i\, (n = \overline{\alpha_i}\ \&\ \alpha_i)$, cioè T è definito da

$$(n = \overline{\alpha_1}\ \&\ \alpha_1) \vee (n = \overline{\alpha_2}\ \&\ \alpha_2) \vee \ldots$$

Come fece notare Tarski, T non è definibile mediante una formula del primo ordine (nel senso sopra precisato).

melo (perché $\mathcal{Z}$ è soddisfatto da $C_{\omega+\omega}$ mentre l'assioma di Fraenkel non lo è); in particolare, esso è indipendente dagli assiomi del secondo ordine di Zermelo, mentre, in virtù della dimostrazione di Cohen, *IC* è indipendente solo dallo *schema del primo ordine* (con gli altri assiomi) di Zermelo-Fraenkel.

Ciò dimostra, in primo luogo, il fatto (matematico) che *la distinzione tra le nozioni di conseguenza del secondo ordine e conseguenza del primo ordine* (dello schema) *non è banale*.

In secondo luogo, esso dimostra che esiste una *differenza* tra l'indipendenza dell'assioma delle parallele in geometria, da un lato, e l'indipendenza di *IC* nella teoria degli insiemi del primo ordine, dall'altro. In geometria (quale formulata da Pasch o Hilbert) si ha anche un assioma del *secondo ordine*, cioè l'assioma di continuità o della sezione di Dedekind: l'*assioma delle parallele non è neppure una conseguenza del secondo ordine di tale assioma*, cioè corrisponde all'assioma di Fraenkel, non a *IC*.

Infine, si consideri il fatto empirico che nessuno si stupì dell'indipendenza dell'assioma di Fraenkel, ma molti furono sorpresi dal risultato di Cohen. Tale reazione è del tutto coerente con la mia asserzione precedente secondo cui l'evidenza dello schema del primo ordine deriva dall'assioma del secondo ordine. Anche se si spiegasse la distinzione precedente ad un matematico, questi si meraviglierebbe della quantità di ingegno necessaria per *utilizzarla*: nel proprio lavoro, egli non si trova mai a dover riflettere sulla forma del predicato usato nell'assioma di comprensione! (Questa è la ragione per cui, per esempio, Bourbaki è estremamente attento ad individuare le assunzioni di un teorema matematico, ma non specifica mai gli assiomi della teoria degli insiemi impliciti in una particolare deduzione: per esempio, quali particolari casi dell'assioma di comprensione si adoperino. Tale pratica è certo coerente con l'assunzione che ciò che si ha in mente quando si seguono le dimostrazioni di Bourbaki è l'assioma del secondo ordine: essa sarebbe spaventosamente antiscientifica se si considerasse davvero come fondamentale lo schema ristretto).

(c) Relazioni tra *il rigore non formale e la nozione di conseguenza di ordine superiore*. Il primo punto da notare è che tale nozione è necessaria per l'esatta formulazione della distinzione di cui sopra. Ciò spiega la debolezza della dottrina positivista (ii) di (a), p. 61, che rifiuta di accettare una distinzione a meno che essa non sia formulata in certi termini ristretti. (N.B. Naturalmente, *se* si vuole studiare la riduzione formalista, cioè il programma hilbertiano di (c), p. 66, la restrizione non solo è accettabile, ma è addirittura necessaria. Ma il fatto che la precedente distinzione, intuitivamente significativa, non sia formulabile in tal modo, riduce l'importanza per i fondamenti di un'analisi formalista, in vista del requisito (ii) del rigore non formale).

Non sorprende, inoltre, l'esistenza di una certa *asimmetria* tra il ruolo della nozione di conseguenza di ordine superiore nei risultati di derivabilità (v. par. 1 (a)) e il suo ruolo nei risultati di indipendenza (v. par. 1 (b)). Una analoga asimmetria è ben nota, per esempio, nel caso della teoria della ricursione. Ivi, per stabilire risultati negativi (cioè risultati di insolubilità), si cerca in primo luogo di dimostrare l'insolubilità ricorsiva mentre, per dimostrare la solubilità, si fornisce un *particolare* schema con una *dimostrazione* del fatto che lo schema ha l'effetto voluto. (Analogamente, cfr. la fine dell'introduzione; anche se un problema *è* ricorsivamente solubile, si può voler spiegare perché non sia stato risolto: mostrando, per esempio, che non esiste uno schema di un certo tipo di cui si possa *dimostrare* in base a certi metodi fissati che ha l'effetto voluto, oppure mostrando che i calcoli sono troppo lunghi). È abbastanza strano che questo fatto ovvio venga talora trascurato.

Infine, e ciò costituisce, naturalmente, il legame più diretto tra l'argomento di cui ci stiamo occupando e il tema principale dell'articolo, la decidibilità del secondo ordine di *IC* (nell'esempio di cui sopra in (a)) suggerisce questo: per decidere *IC* può essere necessario considerare seriamente l'introduzione di nuove nozioni primitive, per esempio proprietà di numeri naturali, che *non* sono definibili nel linguaggio della teoria degli insiemi (come nella nota a p. 70); infatti, quel che si tralascia quando si rimpiazza l'assioma del secondo ordine con lo schema di assioma sono precisamente le proprietà che non sono definibili in tal modo. Ma non ne sono poi così sicuro: l'idea è del tutto ovvia; molti di coloro che operano in tal campo sono talmente abituati a lavorare nel linguaggio ristretto che può darsi benissimo che semplicemente non riescano a considerare seriamente altre proprietà; infine, a confronto di particolari esempi che vengono in mente, come quello della nota a p. 70, i cosiddetti assioni dell'infinito [3], che sono formulati sotto forma di assiomi del primo ordine, sono più efficienti.

(2) *Validità logica intuitiva, verità in tutte le strutture insiemistiche e derivabilità formale.* Considereremo formule α di ordine finito (dove α^i denota una formula di ordine i). Il predicato $Val\ \alpha$ significa: α è intuitivamente valida; $V\alpha$ significa: α è valida in tutte le strutture insiemistiche, e $D\alpha$: α è formalmente derivabile mediante un insieme fissato (accettato) di regole formali.

Per riferimenti successivi si noti che $V\alpha$ è definibile nel linguaggio della teoria degli insiemi, e nel caso di regole ricorsive, $D\alpha$ è definibile *uniformemente* cioè, per ogni $\sigma \geqslant \omega$, la stessa formula definisce D quando le variabili variano su C_σ. In seguito considereremo anche $V_C\alpha$: la validità nelle classi (cioè l'universo della struttura è una classe, e le relazioni sono anch'esse classi o, nella terminologia dell'App. A, proprietà insiemistiche), almeno per formule del primo e del secondo ordine. *Quali sono le relazioni tra Val e V?*

(a) *Significato di Val*. Il significato intuitivo di *Val* differisce da quello di V in un particolare: $V\alpha$ asserisce (semplicemente) che α è vera in tutte le strutture della gerarchia cumulativa, cioè in tutti gli insiemi nel senso preciso di *insieme* di cui sopra, mentre *Val* α asserisce che α è vera in *tutte* le strutture (per un ovvio esempio della differenza cfr. p. 74). È opinione corrente che la nozione di struttura qualsiasi, e perciò di validità logica intuitiva, è così vaga che è assurdo esigere una dimostrazione che ne stabilisca le relazioni con una nozione precisa come V o D; al più si può cercare di fornire un'argomentazione di plausibilità di qualche tipo.

Torniamo al fatto (indubbio) che, nella pratica matematica, si adopera liberamente e sicuramente la nozione di conseguenza, o la nozione di conseguenza logica (e si ricordi p. 66: le 'crisi' del passato nella matematica classica, per (c), p. 66, non erano dovute alla mancanza di precisione della nozione di conseguenza). Si è inoltre generalmente d'accordo che, al tempo di Frege, che formulò le regole della logica del primo ordine, la definizione insiemistica di conseguenza data da Bolzano era stata dimenticata (doveva essere Tarski a riscoprirla); tuttavia si riconosceva la validità delle regole di Frege (D_F). Ciò significa che implicitamente si accettava

$$\forall i \forall \alpha \, (D_F\alpha^i \rightarrow Val\alpha^i)$$

e perciò si ammetteva certamente che *Val* fosse dotata di senso.

Ora, si considerino le due alternative a *Val*. In primo luogo (per esempio secondo Bourbaki), 'in definitiva' le inferenze non sono altro che il seguire le regole formali: in altri termini D è primaria (sebbene ora D non vada considerata come definita insiemisticamente, ma combinatoriamente). Si tratta di un'idea davvero strana perché il novantanove per cento dei lettori e il novanta per cento degli autori di Bourbaki non hanno in mente le regole! Nessuno supporrebbe che un matematico possa lavorare sui gruppi senza conoscere la definizione di gruppo. (Per il par. 1 (b), la nozione di insieme viene trattata in Bourbaki come *Val*).

In secondo luogo, si consideri l'idea secondo cui, 'in definitiva', le inferenze sono semantiche, cioè in questo caso è V che si intende. Anche questo non convince. Si consideri una formula α^1 contenente come unica costante non logica il simbolo di relazione binaria E; α_ε significa che α è vera quando i suoi quantificatori variano su tutti gli insiemi ed E è rimpiazzato dalla relazione di appartenenza. (Si noti che α_ε è una formula del primo ordine della teoria degli insiemi). Si conclude allora intuitivamente:

Se α è logicamente valida allora α_ε, cioè (in simboli): $Val\ \alpha \rightarrow \alpha_\varepsilon$. Ma certo non si conclude *immediatamente*: $V\alpha \rightarrow \alpha_\varepsilon$ perché α_ε richiede che α sia vera nella struttura consistente di tutti gli insiemi (con la relazione di appartenenza); il suo universo non è affatto un insieme. Così, $V\alpha$ (α è vera in ogni struttura insiemistica) non ci consente di concludere 'immediatamente' α_ε: ciò è chiarito dai risultati di (b) e (c) appresso. D'altra parte nel momento stesso in cui si ammette che la logica si *applica* a strutture matematiche, si accetta che

$$\forall i \forall \alpha\, (Val\alpha^i \rightarrow V\alpha^i)$$

È innegabile che si sa di più su Val da quando si sono stabilite le sue relazioni con V e D; ma ciò non significa che prima Val fosse una nozione vaga.

Vale, in effetti, il *teorema*:

Per $i = 1$, date le due proprietà già accettate di *Val* di cui sopra,

$$\forall \alpha^1\, (Val\alpha \leftrightarrow V\alpha) \ \text{ e } \ \forall \alpha^1\, (Val\alpha \leftrightarrow D\alpha).$$

La dimostrazione fa uso del teorema di completezza di Gödel: $\forall \alpha^1\, (V\alpha \rightarrow D\alpha)$. In combinazione con $\forall \alpha^i (D\alpha \rightarrow Val\,\alpha)$, si ottiene $\forall \alpha^1 (V\alpha \leftrightarrow D\alpha)$, e in combinazione con $\forall i \forall \alpha (Val\alpha^i \rightarrow V\alpha^i)$: $\forall \alpha^1 (V\alpha \leftrightarrow$ $\leftrightarrow Val\,\alpha)$. Senza il teorema di completezza di Gödel, dalle due proprietà già accettate di *Val* si ha: $\forall \alpha^1\, (D\alpha \rightarrow V\alpha)$, un teorema, tra l'altro, che non comporta affatto la nozione primitiva *Val*.

Per lo meno *Val* non è troppo vaga per permettere una *dimostrazione* della sua equivalenza con V, per formule α del primo ordine, mediante l'uso delle proprietà di *Val* di cui sopra!

(b) *Le relazioni tra* $V\,\alpha^1$ (dove α contiene come unica costante non logica il simbolo di relazione binaria E) *e* α_ε. Per discutere questo argomento conviene usare la teoria delle proprietà esplicitamente definibili (generalmente detta: teoria delle classi, cfr. App. A) e la relazione:

$$Sod\ (A, B, \alpha),$$

che significa: la proprietà A e la relazione B ($\subset A \times A$) soddisfano α. Possiamo rappresentare successioni finite di classi $A_1, \ldots, A_p$ come una unica classe $A = \{\langle n, x \rangle : n \leqslant p \,\&\, x \in A_n\}$. Se ogni A_i è definibile esplicitamente, tale è anche A. Ora, mediante le consuete tecniche di formazione delle definizioni di verità, *Sod* (A, B, α) è definita da

$$\exists C \Sigma (A, B, C, \alpha)$$

dove Σ non contiene altre variabili per classi oltre (le variabili libere) A, B, C.[5]

Sia U la classe di tutti gli insiemi ed E la relazione di appartenenza ristretta a U.

Per ogni particolare $\tilde{\alpha}^1$ *si ha*: $V\tilde{\alpha}^1 \rightarrow Sod\ (U, E, \tilde{\alpha})$ *è dimostrabile nella teoria delle classi con l'assioma dell'infinito, quindi* $V\tilde{\alpha}^1 \rightarrow \tilde{\alpha}_\varepsilon$.

Corollario. Per un ben noto risultato di Novak (v. App. A), $V\tilde{\alpha}^1 \rightarrow \tilde{\alpha}_\varepsilon$ è dimostrabile nella teoria degli insiemi, per ogni formula $\tilde{\alpha}$. La dimostrazione del teorema fa uso di $\forall \alpha (V\alpha^1 \rightarrow D_G\, \alpha^1)$ per delle regole *senza tagli* (per es. quelle di Gentzen), e inoltre di $D_G\, \tilde{\alpha} \rightarrow Sod$ (U, E, $\tilde{\alpha}$) per una $\tilde{\alpha}$ fissata, che si ottiene mediante una definizione di verità per le *sottoformule* di $\tilde{\alpha}$. La dimostrazione di $\forall \alpha (V\alpha^1 \rightarrow D_G\, \alpha^1)$ richiede, naturalmente, l'assioma dell'infinito, poiché esistono delle α che sono valide in tutte le strutture *finite* ma non sono logicamente valide.

L'apparato necessario per questa dimostrazione giustifica certo le riserve già menzionate contro l'assunzione che, quando si parla di validità logica, si *intende* semplicemente V (cioè la verità in tutte le strutture insiemistiche, in un qualche senso preciso del termine insieme). Si noti tra l'altro che, data un'opportuna teoria degli insiemi S *finitamente* assiomatizzata, esiste una $\tilde{\alpha}$ tale che $V\tilde{\alpha} \rightarrow \tilde{\alpha}_\varepsilon$ non è dimostrabile in S (si prenda come $\tilde{\alpha}$ la negazione della congiunzione degli assiomi di S, ove si suppone che un''opportuna' teoria degli insiemi non permette di dimostrare la propria coerenza, cioè non $\sim V\tilde{\alpha}$).

I dubbi sono ulteriormente confermati da:

(c) $\forall \alpha^1 [V\alpha^1 \rightarrow Sod\ (U, E, \alpha^1)]$ *non è dimostrabile nella teoria delle classi.*

[5] La definizione ha la seguente proprietà di *invarianza.* Se le variabili per insiemi di Σ variano su una C_σ della gerarchia cumulativa, le classi sono oggetti di $C_{\sigma+1}$, e la particolare formula di sopra, per date A e B, definisce lo stesso insieme di α sia che C vari su tutta $C_{\sigma+1}$, o solo su elementi di $C_{\sigma+1}$ definibili esplicitamente a partire da A e B. Il caso corrispondente per formule di ordine *superiore* è molto differente.

Se lo fosse, per il risultato principale dell'App. A, si avrebbe una specifica formula insiemistica $\mathbf{F}\alpha^1$ tale che

$$\forall \alpha^1 [V\alpha \rightarrow \Sigma (U, E, \mathbf{F}\alpha, \alpha)]$$

sarebbe dimostrabile nella teoria delle classi. Questa condizione si riduce ad una formula puramente insiemistica

$$(*) \qquad \forall \alpha^1 [V\alpha \rightarrow \Sigma_1 (\mathbf{F}\alpha, \alpha)]$$

che si dimostra in un sottosistema finito S_1 della teoria degli insiemi; sia σ_1 il sistema S_1, considerato come un oggetto formale della logica dei predicati (dove $\in$ è rimpiazzato da un simbolo di relazione binaria E!) e sia π la formula (*) considerata come un oggetto formale. Allora:

$$\vdash_{S_1} V(\sigma_1 \rightarrow \neg \pi) \rightarrow \Sigma_1 [\mathbf{F}(\sigma_1 \rightarrow \neg \pi), \sigma_1 \rightarrow \neg \pi].$$

Ma per la particolare formula $\sigma_1 \rightarrow \neg \pi$ si verifica, senza l'uso dell'induzione, che $\langle U, E \rangle$ soddisfa $\sigma_1 \rightarrow \neg \pi$, cioè

$$\vdash_{S_1} \Sigma_1 [\mathbf{F}(\sigma_1 \rightarrow \neg \pi), \sigma_1 \rightarrow \neg \pi] \rightarrow (S_1 \rightarrow \neg \forall \alpha [V\alpha \rightarrow \Sigma_1' (\mathbf{F}\alpha, \alpha)]).$$

Poiché $\vdash_{S_1} S_1$ e, per ipotesi, $\vdash_{S_1}$ (*), si ha che $\vdash_{S_1} \neg V (\sigma_1 \rightarrow \neg \pi)$. Ma ciò dimostrerebbe la coerenza di S_1 in S_1.

Poiché *evidentemente nell'interpretazione principale della teoria delle classi* (proprietà esplicitamente definibili) (*) *è valida, si è trovato un esempio di* ω*-incompletezza.* Dunque l'esame della relazione intuitiva *Val* dà luogo non solo a dimostrazioni formali come in (a), ma anche a teoremi di incompletezza.

(d) Tutto ciò vale per le formule del primo ordine. *Nel caso delle formule di ordine superiore non si dispone di una dimostrazione convincente,* per esempio, di $\forall \alpha^2 (V\alpha \leftrightarrow Val\, \alpha)$ nonostante se ne possa sospettare l'esistenza. In termini della gerarchia dei tipi C_σ si può formulare una questione più specifica. Sia V^σ: la verità in tutte le strutture che appartengono a C_σ.

Allora $\forall \alpha^1 \forall \sigma > \omega (V^{\omega+1}\alpha \leftrightarrow V^\sigma \alpha)$ (teorema di Skolem-Löwenheim). Qual è l'analogo (di ω) per le formule del secondo ordine? Per esempio, se $\tilde{\alpha}^2$ è il sistema assiomatico di Zermelo, $V^{\omega+\omega+1} (\neg \tilde{\alpha}^2)$ è falso e $V^{\omega+\omega} (\neg \tilde{\alpha}^2)$ è vero. L'analogo di ω è certamente grande. Sia α una formula che asserisce che (i) la struttura $< a, e >$ è una C_σ, per un numero limite σ, cioè che $< a, e >$ soddisfa gli assiomi del secondo ordine di Zermelo; e (ii) $< a, e >$ contiene un cardinale misurabile $> \omega$. Qui (i) è del secondo ordine e (ii) è del primo ordine rispetto a (i). Se $\beta = (\exists ae)\alpha$, si ha $V^\sigma (\neg \beta)$ per $\sigma \leqslant$ il primo cardinale misurabile $\varkappa$, ma non $V^\sigma (\neg \beta)$ per $\sigma > \varkappa$.

Poiché non si possiede neppure una riduzione analoga al fondamentale teorema di Skolem-Löwenheim, è forse prematuro cercare un analogo di $\forall \alpha^1 (V^{\omega+1}\alpha \rightarrow D\alpha)$. Per esempio, una teoria ben sviluppata delle formule di ordine superiore può risultare possibile solo per le formule infinitamente lunghe. Nel caso di formule infinite del primo ordine si dispone di un analogo quando $D\alpha$ viene rimpiazzata con certe definizioni *induttive generalizzate* (cfr. la ω-regola).

Conclusione generale. Non c'è niente di nuovo, naturalmente, nel trattare *Val* come un concetto intuitivo; dopo tutto, Gödel dimostrò la completezza senza dover menzionare *V*: semplicemente egli usò implicitamente le ovvie relazioni $\forall \alpha\, (Val\ \alpha \rightarrow V^{\omega+1}\alpha)$ e $\forall \alpha\, (D\alpha \rightarrow Val\ \alpha)$ (tra l'altro per ogni *i*!) e dimostrò che $\forall \alpha^1 (V^{\omega+1}\alpha \rightarrow D\alpha)$.

Sembra venuto il momento di esaminare attentamente questo problema *risolto*, perché (a parte le regole di Heyting per la validità intuizionista: cfr. il par. 3) esistono problemi relativi alla validità finitista (Val_{Fi}) e alla validità predicativista (Val_P) non diversi da quelli presentati dalle regole di Frege. Per esempio, come nel caso di Frege, si dispone di regole (ricorsive) D_{Fi} e D_P, rispettivamente per le deduzioni finitiste e per quelle predicativiste, stabilite per mezzo di progressioni autonome: inoltre l'equivalenza di queste ultime con Val_{Fi} e Val_P, rispettivamente (per i linguaggi considerati), è quasi altrettanto plausibile di quanto lo era l'equivalenza $Val \leftrightarrow D$ al tempo di Frege. Ma, ancora non si sono trovati dei principi altrettanto convincenti di quelli del par. 2 (a) per decidere la questione; non si dispone infatti di un analogo di *V*.

(3) *Il soggetto pensante di Brouwer.* Il presente paragrafo considera l'uso singolare, se non problematico, di una nuova nozione primitiva (che non trova posto nella pratica matematica) nella derivazione dell'asserzione puramente matematica:

$$(*) \qquad \sim \forall \alpha\, [\sim\ \sim \exists\, x\, (\alpha x = 0) \supset \exists\, x\, (\alpha x = 0)],$$

dove α varia su successioni di scelte libere di 0 e 1; più precisamente l'uso di una nozione molto generale di successione di scelte che *include* le successioni empiriche; la nozione generale è matematica nello stesso senso in cui è matematica una nozione di *insieme* comprendente eventualmente individui contingenti, e non solo insiemi costruiti a partire dall'insieme vuoto.[6]

È certo irragionevole voler dare una spiegazione di questa nozione generale di successione di scelte e in generale dei concetti intuizionisti per l''uomo della strada': questi, semplicemente, non adopera i concetti a cui si applicano le distinzioni intuizioniste. Se si fa soltanto dell'aritmetica numerica (che è decidibile), non si incontrano casi in cui viene meno la legge del terzo escluso, e se si conosce solo l'aritmetica, ci sono poche probabilità che si riescano ad afferrare distinzioni che valgono specificatamente per le successioni di scelte libere. Si conviene generalmente che la matematica intuizionista sia meno semplice della teoria degli insiemi; ciò posto, non c'è da stupirsi che quanto se ne sa di solito corrisponda a poco più di quello che i diagrammi di Venn rappresentano per la teoria degli insiemi. Tali diagrammi costituiscono un'inadeguata preparazione alla discussione di questioni realmente problematiche della teoria degli insiemi, come gli assiomi dell'infinito; e (*) è problematica per la matematica intuizionista.

(a) *Critica dell'argomentazione di Brouwer; una distinzione.* Per la pratica matematica (e per le dimostrazioni di completezza discusse nell'App. B) sarebbe interessante avere una dimostrazione di (*) a partire da assunzioni quanto più possibile elementari e familiari, in particolare per classi più ristrette di successioni di scelte. In effetti, come per esempio in [7] 2.741, per la nozione di successione di scelte descritta in [16] e studiata in [11], (*) è derivabile dall'assunzione che tutte le funzioni costruttive sono ricorsive. Ma per un'autentica ricerca sui fondamenti è particolarmente interessante derivare un'asserzione puramente matematica da assiomi relativi ad una nozione specificamente intuizionista, in questo caso: il soggetto pensante che fa matematica indefinitamente (sebbene non necessariamente continuamente). E, a parte queste conseguenze matematiche, si desidera formulare nel modo più completo possibile le proprietà di tali nozioni fondamentali: si impara di più su di esse ottenendo delle contraddizioni (da formulazioni difettose) che cercando di evitare le nozioni! Nella filosofia (o analisi) della matematica di Brouwer, si suppone che i teoremi siano relativi ad atti mentali di un soggetto pensante, o, più precisamente, di un soggetto *correttamente* pensante. Le idee di Brouwer possono anche essere sbagliate o pazze (per esempio contraddittorie), ma non lo si scoprirà mai se non si prendono in considerazione i loro aspetti più dubbi.

[6] Questo paragrafo è stato notevolmente riveduto; esso comprende del materiale tratto da [12] e [10] (p. 45 e pp. 61-62).

Un esame superficiale potrebbe far pensare che la restrizione a soggetti *correttamente* pensanti renda del tutto vuota la nozione di soggetto pensante. Che non sia così è dimostrato appresso da (c): uno degli scopi principali dell'analisi è di restringere la nozione di soggetto pensante in modo da eliminare gli elementi psicologici *accidentali*, utilizzando tuttavia quelli essenziali. (Naturalmente, non era immediatamente evidente che si potesse trovare un tale compromesso, in particolare, nel caso dell'assioma b(i) di cui appresso).

(b) *Assiomi.* La nozione fondamentale è:

$$\Sigma \vdash_m A:$$

cioè: il soggetto (pensante) Σ ha prove per asserire A allo stadio m. Il parametro m è particolarmente importante nel caso di asserzioni A su successioni di scelte libere α, di cui, allo stadio m, sono dati solo i valori $\alpha(0), \ldots, \alpha(m-1)$.

(i) $\Sigma \vdash_m A$ è decidibile per ogni Σ, m, A;

(ii) $A \supset \forall \Sigma \sim \sim \exists m (\Sigma \vdash_m A)$ e $\forall \Sigma [\exists m (\Sigma \vdash_m A) \supset A]$ (universalità della matematica).

In questi assiomi le particelle logiche vanno interpretate costruttivamente. Ciò è coerente con la spiegazione di Heyting, se si accetta che (l'intensione de) il dominio della variabile Σ è *dato* come quello delle altre variabili, per esempio delle variabili per interi, delle variabili per successioni di scelte libere, ecc.

Discussione degli assiomi. Sebbene l'argomentazione originaria di Brouwer si basasse senza dubbio sull'interpretazione degli assiomi (i) e (ii) che si è indicata sopra, gli assiomi ammettono anche una diversa interpretazione. In particolare, si può omettere del tutto 'Σ', postulando una successione P_m di classi (decidibili) di dimostrazioni tra tutte le dimostrazioni considerate, per esempio tra tutte quelle legittime, con le seguenti proprietà:

(i) Per ogni m e A (nel linguaggio considerato), si può decidere se esiste una dimostrazione di A in P_m.

(ii) Se esiste una dimostrazione di A, è assurdo supporre che non esista una dimostrazione di A in $\cup_m P_m$. (È evidente che $[\exists m (\vdash_m A) \supset A]$, cioè: se esiste una dimostrazione in $\cup_m P_m$ allora esiste una dimostrazione, è soddisfatta automaticamente nella presente interpretazione).

È sottinteso che $\cup_m P_m$ dev'essere scelta in modo tale che valgano le leggi della logica intuizionista; per esempio, che se in P_m è dimostrabile una proposizione universale U, tale è anche ogni caso particolare di U. Va riconosciuto che tali requisiti (senza dubbio tacitamente ammessi da Brouwer!) non sono del tutto plausibili. Non occorre tuttavia scendere in dettagli poiché esiste una più fondamentale

Obiezione. L'argomentazione originaria di Brouwer a favore dell'ipotesi che ogni operazione estensionale è definita per tutte le successioni di scelte, un principio questo usato in modo essenziale appresso in (c) (iii), si basa sulla sua analisi delle dimostrazioni come successioni *transfinite* di passi, e non solo come *ω-successioni* P_m. In altri termini, un'analisi *completa* dell'attività mentale del soggetto pensante non va data scindendola in un numero finito di atti discreti compiuti fino ad un dato istante t.

Coerentemente con l'analisi di Brouwer, cui si è accennato nell'ultimo capoverso, si potrebbe supporre che si possa dare una tale analisi completa usando tutti gli *ordinali costruttivi.* Ma ciò non sarebbe sufficiente per ottenere una dimostrazione di (*).[7] L'interesse di (c) appresso è quindi soprattutto pedagogico: è un esempio di *derivazione* del tipo descritto all'inizio del paragrafo, da assiomi dichiaratamente problematici per una nuova nozione primitiva, cioè: o il soggetto pensante, oppure la postulata successione P_m.

(c) *Deduzione di* (*) *dagli assiomi* (*b*) *e dagli assiomi intuizionisti correnti.* Sia $P(\beta, \Sigma, \alpha, m)$ un'abbreviazione di:

$$(\alpha m = 0) \leftrightarrow [(\exists\, x < m)(\beta x \neq 0) \vee \Sigma \vdash_m \forall\, x(\beta x = 0)].$$

$$\text{(i)} \quad (\forall\, \beta\, \Sigma\, \alpha)[\forall\, m\, P(\beta, \Sigma, \alpha, m) \supset \sim\, \sim\, \exists\, n(\alpha n = 0)].$$

Siccome se $\forall m\, P(\beta, \Sigma, \alpha, m)$ e $\beta n \neq 0$ allora $\alpha(n+1) = 0$, e vale $(\exists x < n+1)(\beta x \neq 0)$ si ha

[7] Né sarebbe sufficiente per deduzioni più recenti e realmente più interessanti dagli assiomi (i) - (ii), dovute a Kripke. Una di queste è lo schema, per A qualsiasi:

$$\exists \beta([\forall m(\beta m = 0) \leftrightarrow \neg A] \;\&\; [\exists m(\beta m \neq 0) \supset A])$$

(detto 'schema di Kripke' in [12]). Esso potrebbe essere rafforzato in

$$\exists \beta[\exists m(\beta m \neq 0) \leftrightarrow A]$$

rafforzando (ii) in: $A \leftrightarrow \exists m(\Sigma \vdash_m A)$. A partire dallo schema di Kripke si può refutare la versione di Heyting della tesi di Church; cfr. per esempio [9], p. 145, nota 10. È evidente che se A è una formula qualsiasi contenente quantificatori per successioni (di scelte), lo schema rafforzato ha tutta la forza del principio di comprensione per insiemi di numeri naturali. In vista dei dubbi precedenti circa l'interpretazione degli assiomi (i) e (ii), è interessante notare che lo schema rafforzato, è coerente col principio di continuità di Brouwer per operazioni *estensionali* su successioni di scelte, per Scott [15].

$$[\forall m\, P(\beta, \Sigma, \alpha, m) \,\&\, \forall m\, (\alpha m \neq 0) \supset \forall n\, (\beta n = 0)];$$

ma, per l'assioma (ii),

$$\forall n\, (\beta n = 0) \supset \forall \Sigma' \sim \sim \exists p\, [\Sigma' \vdash_p \forall x\, (\beta x = 0)]$$

e quindi

$$\forall m\, P(\beta, \Sigma, \alpha, m) \,\&\, \forall m\, (\alpha m \neq 0) \supset \sim \sim \exists p\, (\alpha p = 0),$$

da cui

$$\forall m\, P(\beta, \Sigma, \alpha, m) \supset \sim \sim \exists p\, (\alpha p = 0).$$

(ii) Assumendo (*), si ottiene

$$(\forall \beta\, \Sigma)\, \exists m'\, [(\exists x < m')\, (\beta x \neq 0) \vee \Sigma \vdash_{m'} \forall x\, (\beta x = 0)].$$

Infatti, per il passaggio precedente, e (*), si ha

$$(\forall \beta\, \Sigma\, \alpha)\, [\forall m\, P(\beta, \Sigma, \alpha, m) \supset (\exists m')\, (\alpha m' = 0)]$$

quindi

$$(\forall \beta\, \Sigma\, \alpha)\, [\forall m\, P(\beta, \Sigma, \alpha, m) \supset (\exists m')\{(\exists x < m')\, (\beta x \neq 0) \vee \Sigma \vdash_{m'} \forall x\, (\beta x = 0)\}].$$

Ma per b(i) (decidibilità della relazione fondamentale)

$$(\forall \beta\, \Sigma)\, \exists \alpha\, \forall m\, P(\beta, \Sigma, \alpha, m)$$

quindi α scompare, e rimane

$$(\forall \beta\, \Sigma)\, \exists m' \{(\exists x < m')\, (\beta x \neq 0) \vee \Sigma \vdash_{m'} \forall x\, (\beta x = 0)\}.$$

(iii) Ora, per la seconda metà di b(ii), Σ scompare, e rimane

$$\forall \beta\, [(\exists x < m')\, (\beta x \neq 0) \vee \forall x\, (\beta x = 0)],$$

perciò

$$\forall \beta\, \exists !\, (y, x)\, ([y = 0 \wedge x < m' \wedge \beta x \neq 0 \vee \forall z < x\, (\beta z = 0)] \vee [y = 1 \wedge \forall z\, (\beta z = 0)]).$$

Poiché (y, x) dipende univocamente, cioè estensionalmente, da β, per il principio di Brouwer (y, x) dipende continuamente da β il che è assurdo. (L'importanza dell'estensionalità venne sottolineata da Myhill [12]; negli scritti di Brouwer, la questione non viene trattata esplicitamente perché Brouwer parla di 'funzioni'; probabilmente, egli assumeva tacitamente che le funzioni fossero estensionali).

Si noti che, poiché (*) è un'asserzione negativa, basterebbe la doppia negazione degli assiomi b(i)-(ii).

Ovviamente, si può voler fare della nuova nozione fondamentale un oggetto di studio indipendente, prima di giudicarne il valore. Ma, indipendentemente da ciò, la deduzione illustra una questione di ordine generale. L'intuizionismo è, attualmente, un eccellente campo di ricerca sui fondamenti, perché i suoi fondamenti non sono stati molto studiati, e quindi argomentazioni così semplici come (c) possono risolvere un problema formalmente indeciso. Per la stessa ragione esso si presta molto meno a una ricerca tecnica di livello confrontabile con quello della pratica classica.[8]

Appendice A: Assiomi delle proprietà esplicitamente definibili.

Sia $\mathcal{L}$ un linguaggio del primo ordine (senza simboli di funzioni) i cui simboli di relazione sono R_i, dove R_i ha $\rho(i)$ argomenti. Per ogni formula $C(x, y, z)$ con tre variabili libere (che verrà interpretata, in seguito, come una 'relazione di coppia') definiamo $C_n(x_1, ..., x_n, y)$ nel modo seguente:

$$C_2(x_1, x_2, y) \text{ è } C(x_1, x_2, y)$$

e

$$C_{n+1}(x_1, ..., x_{n+1}, y) \text{ è } \exists z\, [C_n(x_1, ..., x_n, z) \,\&\, C_2(z, x_{n+1}, y)].$$

[8] Kleene chiama $\forall\alpha[\sim\sim\exists x(\alpha x = 0) \supset \exists x(\alpha x = 0)]$ una generalizzazione del principio di Markoff, e Heyting disse nella discussione che Markoff formulerebbe il principio solo per le funzioni costruttive, e non per successioni di scelte libere α. Tale distinzione è certo valida, ma mi sembra troppo tecnica: l'interpretazione (implicita) di Markoff dei connettivi logici è così meccanicistica che ogni somiglianza con l'interpretazone principale intuizionista è una pura coincidenza. L'argomentazione precedente non contraddice il principio di Markoff, quale da lui inteso, più di quanto non contraddica la consueta interpretazione classica di $\forall\alpha[\sim\sim\exists x(\alpha x = 0) \supset \exists x(\alpha x = 0)]$. Credo che tutto ciò sia chiaro; non è altrettanto chiaro, invece che le regole della matematica intuizionista siano valide per l'interpretazione di Markoff (se resa esplicita).

(In seguito si interpreterà $C_n(x_1, ..., x_n, y)$ come $y = < x_1, ..., x_n >$, cioè come una relazione di n-upla ordinata).

Sia $\mathcal{L}_{\mathcal{P}}$ l'*estensione* di $\mathcal{L}$ ottenuta aggiungendo un secondo tipo di variabili (lettere maiuscole) e la relazione binaria η dove $x \eta X$ verrà interpretata come: l'oggetto x ha la proprietà X.

Assiomi fondamentali.

1. $\forall x \exists X \forall y (y \eta X \leftrightarrow y = x)$,
2. $\exists X \forall y [y \eta X \leftrightarrow \exists x C(x, x, y)]$,
3. $\forall X \exists Y \forall y (y \eta Y \leftrightarrow \neg y \eta X)$,
4. $\forall XY \exists Z \forall y (y \eta Z \leftrightarrow (y \eta X \vee y \eta Y)]$,
5. $\forall X \exists Y \forall y (y \eta Y \leftrightarrow \exists xz [C(y, x, z) \& z \eta X])$,
6. $\forall X \exists Y \forall y (y \eta Y \leftrightarrow \exists xz [C(x, z, y) \& z \eta X])$,
7. $\forall X \exists Y \forall y (y \eta Y \leftrightarrow \exists uvz [C(u, v, y) \& C(v, u, z) \& z \eta X])$,
8. $\forall X \exists Y \forall y (y \eta Y \leftrightarrow \exists uvwz [C_3(u, v, w, y) \& C_3(v, w, u, z) \& z \eta X])$,
9. $\forall X \exists Y \forall y (y \eta Y \leftrightarrow \exists uvwz [C_3(u, v, w, y) \& C_3(u, w, v, z) \& z \eta X])$,

10^i. $\exists X \forall y (y \eta X \leftrightarrow \exists x_1 ... x_{\rho(i)} [C_{\rho(i)}(x_1, ..., x_{\rho(i)}, y) \& \& R_i(x_1, ..., x_{\rho(i)})]$.

(2 è incluso in 10^i se si include l'eguaglianza tra le R_i).

Si noti che gli assiomi sono relativi alla fomula C. Indichiamo tali assiomi con $\mathcal{P}_{\mathcal{L}}$ (dove $\mathcal{P}$ sta per: 'proprietà').

Definizione. $C(x, y, z)$ si dice *una formula di coppia* relativamente ad un insieme $\mathfrak{A}$ di assiomi di $\mathcal{L}$ se e solo se

$$\mathfrak{A} \vdash \forall xy \exists z C(x, y, z) \& \forall xx'yy'z [\{C(x, y, z) \& C(x', y', z')\} \rightarrow (x=x' \& y=y')].$$

Per esempio, se $\mathcal{L}$ è il linguaggio della teoria degli insiemi (di Zermelo), e $\mathfrak{A}$ certi assiomi elementari, si può prendere $z=\{\{x\}, \{x, y\}\}$ come C. Si noti che, se $\mathfrak{A}$ ha un modello finito, esso non ammette una relazione di coppia.

Teorema. Sia $\Phi(X_1, ..., X_r)$ una formula di $\mathcal{L}_{\mathcal{P}}$ costruita a partire da formule prime $t \eta X_i$ $(i \leq r)$ usando *solo* le operazioni di $\mathcal{L}$ (dove t denota termini di $\mathcal{L}$). Sia $\mathfrak{A}$ un insieme di formule di $\mathcal{L}$. Allora $\mathfrak{A}, \mathcal{P}_{\mathcal{L}} \vdash \exists X_1 ... X_r \Phi(X_1, ..., X_r)$ se e solo se esistono formule $F_i(x, u_1, ..., u_p)$ $(i \leq r)$ di $\mathcal{L}$ tali che $\mathfrak{A} \vdash \exists u_1 ..., u_p \Phi(F_1, ..., F_r)$, dove $\Phi(F_1 ..., F_r)$ si ottiene da $\Phi(X_1, ..., X_r)$ rimpiazzando $t \eta X_i$ con $F_i(t, u_1, ..., u_p)$; per evitare confusioni si suppone che tutte le variabili di F_i siano distinte dalle variabili di $\Phi(X_1, ..., X_r)$.

Corollari. 1. Se Φ è una formula di $\mathcal{L}$ e $\mathfrak{A}$, $\mathfrak{S}_{\mathcal{L}} \vdash \Phi$, allora anche $\mathfrak{A} \vdash \Phi$.

2. Supponiamo che $\Psi(X)$ sia costruita a partire da formule prime $t\ \eta\ X$ usando solo le operazioni $\mathcal{L}$. Allora, per Φ in $\mathcal{L}$, $\mathfrak{A}$, $\forall X \Psi(X) \vdash \Phi$ se e solo se esiste una formula F di $\mathcal{L}$ tale che $\mathfrak{A} \vdash \forall u_1 \dots u_p \Psi(F) \rightarrow \Phi$.

Dimostrazione del teorema. Supponiamo che $\mathfrak{A} \vdash \exists u_1 \dots u_p \Phi(F_1, \dots F_r)$. È chiaro che, per mostrare che $\mathfrak{S}_{\mathcal{L}}$, $\mathfrak{A} \vdash \exists X_1 \dots X_r \Phi(X_1, \dots, X_r)$, è sufficiente mostrare: $\mathfrak{S}_{\mathcal{L}} \vdash \forall u_1 \dots u_p \exists X_i \forall x [x \eta X_i \leftrightarrow F_i(x, u_1, \dots, u_p)]$. A tale scopo si usa una dimostrazione per induzione (metamatematica), sulla complessità di F_i, come nella dimostrazione del teorema delle classi di Bernays. Una differenza secondaria è che, se $\mathfrak{A}$ sono gli assiomi della teoria degli insiemi, in virtù dell'estensionalità $=$ è esplicitamente definibile in termini di $\in$.

Per dimostrare l'inverso si fa uso del fatto che ogni modello

$$\langle A, \bar{R}_1, \dots, \bar{R}_i, \dots \rangle$$

di $\mathfrak{A}$ può essere *esteso* ad un modello di $\mathfrak{A}$ e $\mathfrak{S}_{\mathcal{L}}$, in particolare ad un modello minimale, nel modo seguente: si prendono come dominio delle variabili del secondo tipo i sottoinsiemi di A esplicitamente definibili in $\mathcal{L}$ mediante formule che contengono costanti individuali per elementi di A, e come $\bar{\eta}$ la relazione: $\overline{X \eta t}$ è sempre falsa; $\overline{a \eta b}$ è falsa, per elementi a, b di A; e $\overline{a \eta X} \Longleftrightarrow \bar{a} \in \bar{X}$.

Ora, supponiamo che $\mathfrak{A}$, $\mathfrak{S}_{\mathcal{L}} \vdash \exists X_1 \dots X_r \Phi(X_1, \dots, X_r)$.
Se $F_1^{(i)}, \dots, F_r^{(i)}$ $(i = 1, 2, \dots)$ è una lista di tutte le formule di $\mathcal{L}$ allora l'insieme

$$\mathfrak{A} \cup \{\dots, \forall u_1 \dots u_{p(i)} \neg \Phi(F_1^{(i)}, \dots, F_r^{(i)}), \dots\}$$

è incoerente in ogni modello di $\mathfrak{A}$, perché

$$\exists X_1 \dots X_r \Phi(X_1, \dots, X_r)$$

sarebbe falso nell'estensione minimale di cui sopra. Per il teorema di finitezza, dunque, qualche sottoinsieme è incoerente, perciò

$$\mathfrak{A} \vdash \exists u_1 \dots u_{p(1)}\ \Phi\ (F_1^1, \dots, F_r^1) \vee \dots \vee \exists u_1 \dots u_{p(k)}\ \Phi\ (F_1^k, \dots, F_r^k).$$

Questa disgiunzione può essere *contratta* nel modo seguente, dove

$$q = \max\,[p(1), \dots, p(k)]:$$

$F_i^*(u_1, ..., u_q, x) \leftrightarrow.$
$[F_i^1(u_1, ..., u_{p(1)}, x) \ \& \ \exists u_1 ... u_{p(1)}\Phi(F_1^1, ..., F_r^1)] \vee$
$[F_i^2(u_1, ..., u_{p(2)}, x) \ \& \ \exists u_1 ... u_{p(2)}\Phi(F_1^2, ..., F_r^2) \ \&$
$\neg \exists u_1 ... u_{p(1)} \Phi (F_1^1, ..., F_r^1)] \vee ...$
$[F_i^k(u_1, ..., u_{p(k)}, x) \ \& \neg \exists u_1 ... u_{p(1)}\Phi(F_1^1, ..., F_r^1) \ \&$
$... \ \& \neg \exists u_1 ... u_{p(k-1)}\Phi(F_1^{k-1}, ..., F_r^{k-1})].$
Dunque $\mathfrak{A} \vdash \exists u_1 ... u_q\Phi(F_1^*, ..., F_r^*)$.

Con la stessa argomentazione si può dimostrare qualcosa di più nel caso che $\mathfrak{A}$ non possegga una relazione di coppia.

Supponiamo che $\mathfrak{A}$ ammetta solo dei modelli infiniti; aggiungiamo a $\mathcal{L}$ un simbolo $C(x, y, z)$ con gli assiomi $\mathfrak{C}$ per le relazioni di coppia, e formiamo $\mathfrak{F}_{\mathcal{L}}$, per il linguaggio arricchito $\mathcal{L}'$. Se Φ è una formula di $\mathcal{L}$ ed è una conseguenza di $\mathfrak{A} \cup \mathfrak{C} \cup \mathfrak{F}_{\mathcal{L}}$, essa è anche una conseguenza di $\mathfrak{A}$; infatti ogni modello di $\mathfrak{A}$ può essere esteso ad un modello di $\mathfrak{A} \cup \mathfrak{C}$, dopo di che si applica l'argomentazione precedente a $\mathcal{L}'$ invece che a $\mathcal{L}$.

Osservazione. L'idea della dimostrazione è assolutamente standard, ed è ben nota dalla teoria delle classi. Solo la formulazione per $\mathcal{L}$ qualsiasi non sembra reperibile nella letteratura.

L'uso di un *nuovo* simbolo η è analogo alla formulazione di Bernays della teoria, stranamente detta teoria delle classi, considerata come una teoria delle proprietà insiemistiche definibili esplicitamente. Per ottenere lo stesso risultato per la variante di Gödel, dove $\mathcal{L}$ è il linguaggio della teoria degli insiemi, si osservi quanto segue: $\mathfrak{A} \vdash \forall x \exists y \ (x \in y)$, dove $\mathfrak{A}$ sono gli assiomi di Zermelo. Ogni modello di $\mathfrak{A}$ può essere esteso ad un modello della teoria delle classi *identificando* un elemento a di A con l'insieme $\{x : x \bar{\varepsilon} a\}$ (esplicitamente definito), per cui $\bar{\varepsilon}$ diventa la restrizione di η a $A \times A$. Evidentemente, poiché $\mathcal{L}$ contiene un unico R_i, 10^i in $\mathfrak{F}_{\mathcal{L}}$, si riduce ad un'unica formula.

Sebbene il formalismo delle classi sia stato introdotto originariamente per trattare questioni puramente formali di assiomatizzabilità finita, anche per scopi tecnici è bene chiedersi che cosa *sono* le classi (rigore non formale!).

Appendice B: Completezza della logica dei predicati intuizionista.

Per spiegare le relazioni cui si è accennato a p. 60 tra il principio (*) del par. 3 e il problema della completezza (per il linguaggio del calcolo dei predicati) rispetto all'interpretazione principale, cominciamo con lo spiegare quest'ultima. Mi sembra necessario tornare ancora su questi punti elementari, perché perfino nella letteratura più recente si riscontra una totale mancanza di comprensione del problema (v. [13], p. 32, riga 14).

(a) *Distinzioni fondamentali.* Supponiamo che la formula A contenga solo i simboli di relazione $P_1, \ldots, P_n$ con $r_1, \ldots, r_n$ argomenti, rispettivamente (e non contenga simboli di funzione).

(i) A è *valida* significa semplicemente

$$\forall D (\forall X_0 \subset D) \ldots (\forall X_i \subset X_0^{r_i}) \ldots \mathrm{A}^*,$$

dove D è un dominio qualsiasi fissato, $X_0, \ldots, X_i, \ldots, X_n$ sono delle sottospecie di $D, \ldots, D^{r_i}, \ldots, D^{r_n}$ rispettivamente, e A^* si ottiene da A restringendo tutte le sue variabili a X_0 e rimpiazzando $P_i\, t_1 \ldots t_{r_i}$ con $(t_1, \ldots, t_{r_i}) \in X_i$.

(ii) Ci occorre anche una nozione un po' più forte di *validità schematica con parametri* $p_1, \ldots, p_m$ di domino $Y_1, \ldots, Y_m$. In essa si ammette che $X_0, \ldots, X_n$ possano *dipendere* da questi parametri. Formalmente, $\forall D (\forall X_0 \subset D \times Y_1 \times \ldots \times Y_m) \ldots (\forall X_n \subset X_0^{r_n} \times Y_1 \times \ldots \times Y_m) \forall p_1 \ldots \forall p_m A'$ dove A' si ottiene da A restringendo le variabili x in modo che soddisfino $(x, p_1, \ldots, p_m) \in X_0$ e rimpiazzando $P_i t_1 \ldots t_{ri}$ con $(t_1, \ldots, t_{ri}, p_1, \ldots, p_m) \in X_i$.

(iii) Per rendersi conto delle relazioni tra (i) e (ii), si noti che si assume tacitamente un dominio principale per $D, X_0, \ldots, X_n$, per esempio *tutte* le specie ben definite. Ora, se i parametri sono degli *oggetti completamente definiti,* come i numeri naturali o le funzioni regolate, e per esempio X_0 è una variabile per sottospecie di $D \times Y_1 \times \ldots \times Y_m$, si ha $\forall X'_0 \forall p_1 \ldots \forall p_m (\exists X_0 \subset D) (\forall x \in D) [x \in X_0 \leftrightarrow (x, p_1, \ldots, p_m) \in X'_0]$, quindi per *questi* parametri la validità (i) implica anche la validità schematica (ii). Semplicemente, si mantengono fissi i parametri.

Se invece i parametri *non* sono completamente definiti, in particolare se essi sono delle *successioni di scelte,* non si può parlare di "mantenerli fissi". Infatti, prendendo ω come D e le successioni di scelte nel senso di [11] come Y_1 si ha

$$\sim \forall X'_0 \forall p \exists X_0 \forall n [n \in X_0 \leftrightarrow (n, p) \in X'_0].$$

È evidente che, in questo caso, non c'è motivo di supporre che la validità (i) implichi la validità schematica per i presenti parametri, cioè per parametri di scelte.

Discussione. Evidentemente, per il significato ordinario della *validità logica*, cioè di validità per concetti qualsiasi, si richiede la validità schematica (purché si riconosca la legittimità dei parametri di scelte). Ma è altrettanto evidente che non ci si può aspettare che questa nozione di validità logica, o meglio, che la classe delle formule valide (per questo significato della validità), sia molto utile se essa è troppo sensibile al tipo di concetti ammessi nel dominio di X_i ($1 \leq i \leq n$) e p_j ($1 \leq j \leq m$). Dopo tutto, ci occuperemo di solito di un dominio ristretto di concetti, e sarà più utile, perciò, avere informazioni sulle formule valide in tale dominio che non sulla classe (più ristretta) delle formule logicamente valide.

Come sappiamo dalla nota 5, nel caso della consueta interpretazione insiemistica delle formule del primo ordine, la nozione di validità non è sensibile estensionalmente alle assunzioni "ontologiche", cioè all'esatta estensione dell'universo di insiemi considerato, a differenza di quanto accade nel caso delle formule del secondo ordine, come si è accennato a p. 76-7. Naturalmente non è il significato o la definitezza del concetto di validità logica che dipende da tale insensibilità, da tale invarianza, ma solo il suo uso pratico.

Per i lettori che abbiano familiarità con l'analisi della logica intuizionista, va notato che c'è da considerare un altro delicato fattore oltre quello "ontologico" del dominio di X e di p, cioè il tipo di operazioni "nascoste" nel simbolismo logico. In prima approssimazione, tali operazioni comportano *dimostrazioni* (di identità) e *funzioni* (ivi comprese funzioni da dimostrazioni a dimostrazioni). È naturale, dunque, usare la nozione di validità rispetto ad una data classe di dimostrazioni e di funzioni.

Qui, in netto contrasto con le variazioni dell'universo degli insiemi che influenzano la nozione di validità classica, *l'insieme delle formule valide non è monotono rispetto a tali variazioni.* È evidente che, se si restringe la classe delle dimostrazioni ammesse, può darsi benissimo che si ottengano meno teoremi puramente universali o puramente esistenziali ma più negazioni di tali asserzioni. Un particolare esempio, che verrà discusso in (e) appresso, riguarda la ben nota restrizione delle funzioni numeriche alle funzioni ricorsive.

Buona parte della letteratura sulla validità intuizionista riguarda, consciamente o inconsciamente, l'insieme delle formule *simultaneamente* valide per tutte le variazioni indicate, cioè per variazioni sia dei domini delle X e delle p che delle classi di operazioni implicite nel simbolismo logico. Ciò è analogo alla questione discussa a p. 64; in breve, la classe delle formule in questione è l'*intersezione* delle classi di formule valide per delle classi ragionevoli di interpretazioni. Il lettore non confonda la questione dell'intersezione di p. 64 con l'utile proprietà di invarianza della nota 5.

(b) *Un risultato tecnico che comporta due tipi di parametri di scelte* (α per successioni binarie non regolate, h per successioni di tipo differente, che verrà specificato appresso;[9] più precisamente adopereremo *proiezioni* di successioni non regolate in uno spiegamento finitario determinato da h, e scriveremo ($\alpha \restriction M^h$), come in [5], p. 382).

Per ogni formula A della logica dei predicati, la costruzione di Beth fornisce dei predicati aritmeticamente definiti $X^A{}_i\,(x_1\,,..., x_{r_i}, \alpha)$ $(1 \leq i \leq n)$ e un predicato ricorsivo primitivo K^A con le seguenti proprietà.

(i) Se h è un tipo di successione (di scelte) per cui vale il teorema del ventaglio, per [5], p. 381, riga 8 si ha

$$[\forall h \exists m \sim K^A(\overline{h}m)] \supset \sim (A \text{ è formalmente derivabile}).$$

Si noti, in particolare, che non ci si può aspettare che tale condizione sia soddisfatta da una *h regolata*, perché si può dimostrare che il teorema del ventaglio non vale per h ricorsiva.

(ii) Per [5], p. 381,ultima riga,

$$\forall h\, [\forall m\, K^A(\overline{h}m) \supset \sim (A \text{ è schematicamente valida con parametri } h, \alpha)].$$

In particolare si dimostra, per $D = X_0 = \omega$ per una A' ottenuta adoperando $X^A{}_i\,(x_1, ..., x_{ri}, \alpha \restriction M^h)$ come X_i in (*a*ii),

$$\forall h\, [\forall m K^A\, (\overline{h}m) \supset \sim A'],$$

da cui, poichè α non compare nella premessa,

$$\forall h \forall \alpha A' \supset \forall h \sim \forall m K^A(\overline{h}m).$$

Si noti che A' potrebbe essere indebolita in $\sim\sim A'$ e che

$$[\forall h \sim \forall m K^A\, (\overline{h}m)] \leftrightarrow [\forall h \sim\sim \exists m \sim K^A\, (\overline{h}m)].$$

(iii) Quindi, *modulo* il principio

$(+)_h \forall h \sim\sim \exists m \sim K^A\, (\overline{h}m) \supset \forall h \exists m \sim K^A\, (\overline{h}m)$, si ha, per (i),

$\forall h \forall \alpha A' \supset (A$ è formalmente derivabile),

[9] V. il lavoro di Beth sull'interpretazione topologica [1] e la mia analisi in [5].

cioè

(A è schematicamente valida con parametri h, a)$\supset$(A è formalmente derivabile),

in altri termini la completezza rispetto a questo particolare tipo di validità.

Si tratta, quindi, di trovare dei tipi di successioni (di scelte) che soddisfano il teorema del ventaglio e $(+)_h$.

Discussione. Si noti subito che le successioni *non regolate* non soddisfano $(+)_h$, per l'osservazione 7.4 a p. 382 di [5]. Né ci si può aspettare che le successioni di scelte studiate in [11] soddisfino $(+)_h$ poiché, per tali successioni,

$$[\forall h \sim\sim \exists m K^A(\bar{h}m)] \leftrightarrow [\forall a \sim\sim \exists m K^A(\bar{a}m)],$$

dove a varia sulle funzioni regolate. Usando ancora una volta il fatto che il teorema del ventaglio non vale per le successioni ricorsive, cioè che esiste un albero binario infinito ricorsivo privo di cammini ricorsivi infiniti, si dimostra che $(+)_h$ non vale se tutte le funzioni (numeriche) regolate sono ricorsive.

Il principio $(+)_h$ segue naturalmente dall'"analogo" del principio di Markov menzionato nella nota 8. Tale principio è soddisfatto da varie interpretazioni non standard, e tuttavia utili, dei sistemi formali di Heyting, per esempio da quella di Gödel in [2]. Si potrebbe pensare perciò di adoperare la costruzione di Beth per dare una dimostrazione di completezza rispetto a qualcuna di queste interpretazioni non standard. Ma ciò è escluso dall'uso di parametri non regolati nella dimostrazione di Beth, per cui l'interpretazione di Gödel è semplicemente non valida, proprio in virtù dell'osservazione 7.4 sopra citata! Si può dimostrare, in effetti, che le regole di Heyting sono incomplete per tale interpretazione.

(c) *Ritornando a* (*) *del par. 3*: una relazione unilaterale col problema della completezza. Si è discussa la dimostrazione di Brouwer di (*), cioè la sua *refutazione* di

$$\forall \alpha [\sim\sim \exists x(\alpha x = 0) \supset \exists x(\alpha x = 0)],$$

per un certo tipo α di successioni di scelte (o per le funzioni regolate!) ivi comprese le particolari successioni empiriche definite in termini della relazione $\Sigma \vdash_m A$.

Supponiamo, viceversa, di avere un tipo C di successione di scelte (che, come in (b), indicheremo con) h tale che

C è chiusa rispetto alle operazioni ricorsive primitive e

$$\forall h\,[(\sim\sim \exists x\,(hx=0)\supset \exists x\,(hx=0)].$$

Le regole di Heyting sono *schematicamente* valide con parametri per successioni non regolate e per successioni $\in C$.

Riassumendo, l'importanza per il problema della completezza di una *dimostrazione* di (*), per una classe C di successioni di scelte, è semplicemente questa: per stabilire la completezza (rispetto alla validità schematica) non si possono usare i particolari risultati discussi in (b).

(d) *Un passo al di là di* (c): *il principio*

$$(**)\qquad \sim \forall n\,([\forall h \sim\sim \exists m R_n(h,m)]\supset \forall h \exists m R_n(h,m)),$$

dove R_n varia su tutte le relazioni ricorsive primitive tra h e m.

È evidente che (**) è un *rafforzamento* della (*) di cui al par. 3 (per α chiuse rispetto alle operazioni ricorsive primitive). Per un'argomentazione dovuta a Gödel ed esposta in dettaglio in [6], pp. 139-158, in particolare nel par. 6, pp. 142-146,

(**) implica l'incompletezza delle regole di Heyting per la validità schematica con *parametri* h che soddisfano (**).

L'argomentazione non fa uso del teorema del ventaglio per h. Perciò, se si ha un certo tipo C di successioni non regolate per cui vale (**), si ha anche l'incompletezza del senso di (*ai*) per la validità ordinaria, non schematica.

Discussione. Per evitare malintesi metteremo in evidenza una possibile fonte di confusioni, esaminando i passi principali dell'argomentazione.

Per ogni n, si ha una formula A_n della logica dei predicati tale che

$[\forall h \sim\sim \exists m R_n(h,m)] \leftrightarrow [A_n$ è valida (rispettivamente, è schematicamente valida)].

Ora, supponiamo che le regole di Heyting siano complete per questa particolare A_n. Dunque

$[\forall h \sim\sim \exists m R_n(h,m)] \supset (A_n$ è formalmente derivabile),

semplicemente in base al significato della completezza. Ma A_n è, in sostanza, la negazione di una formula puramente universale, diciamo

$\forall u_1 \ldots \forall u_p U(u_1, \ldots, u_p)$, come appare da un semplice esame. Perciò per le consuete forme normali per le regole di Heyting, scoperte da Gentzen, si può derivare anche una A^+_n della forma

$$\sim [U(t^1_1, \ldots, t^1_p) \& \ldots \& (t^k_1, \ldots, t^k_p)],$$

e si ha inoltre una dimostrazione molto elementare di

$$(A^+_n \text{ è formalmente derivabile}) \supset \forall h \exists m R_n(h, m).$$

In effetti vale qualcosa di più: A^+_n fornisce esplicitamente il *confine* M: $\forall h (\exists m \leq M) R_n(h, m)$ che è asserito dal teorema del ventaglio. Ma, ed è questa la *differenza fondamentale,* tale confine non è postulato per la classe di successioni h; in realtà esso non ha nulla a che fare con h, ma si ottiene dal risultato *sintattico* secondo cui

una derivazione formale di A_n *dà effettivamente* A^+_n.

(e) *Risultati più forti relativi ad interpretazioni in cui tutte le funzioni numeriche regolate sono ricorsive.* Qui si comincia daccapo, in particolare non ci si limita alle particolari regole di Heyting aventi la proprietà adoperata nella dimostrazione di Gödel descritta in (d). Tornando all'albero binario ricorsivo (primitivo) T privo di cammini ricorsivi, già usato nella discussione di (b), consideriamo la A_n di (d) per cui

$$\forall h \sim \sim \exists m R_n(h, m)$$

esprime che non esiste alcun cammino infinito in T. Tale A_n è valida per le interpretazioni qui considerate (immediato), ma si può dimostrare che essa non è derivabile. Di qui l'incompletezza.

Con un po' di teoria della ricursione tecnica, il risultato può essere rafforzato mostrando che, per ciascuna di queste interpretazioni, *la specie delle formule valide non è ricorsivamente enumerabile.* Perciò se si sa abbastanza su di esse per ottenere un'asserzione del tipo

$$[\forall h \sim \sim \exists m R_n(h, m)] \leftrightarrow [\forall a \sim \sim \exists m R_n(a, m)],$$

per a regolate (che è soddisfatta dai consueti tipi di successioni di scelte; v. per esempio [11] 7.1.3 applicato a questo caso) si può derivare l'incompletezza delle regole di Heyting e, rispettivamente, l'impossibilità di un'enumerazione ricorsiva della validità *schematica* con parametri di *scelte.* Queste questioni sono trattate nella Nota tecnica I e nella nota 16 a p. 147 di [9].

Non posso concludere senza richiamare qui la discussione di cui alla fine di (a) e i delicati problemi sollevati dagli assiomi dell'infinito in relazione alla questione della validità classica delle formule del secondo ordine. Per l'interpretazione intuizionista il problema della completezza risente di tali delicate questioni già nel caso del linguaggio del primo ordine; in particolare esso è influenzato dalla validità della tesi di Church (nel senso di Heyting). Alla luce della discussione in (a) ciò può benissimo ridurre l'interesse pratico della completezza logica. (Naturalmente si possono avere degli usi limitati della nozione intuizionista di validità, così come a p. 70-2 si sono considerati usi limitati della validità classica del secondo ordine.)

P.S. Dopo che è stata scritta l'Appendice B (nel 1970), è stato fatto un bel po' di lavoro ulteriore sulla completezza delle regole di Heyting rispetto all'interpretazione delle particelle logiche intesa da Brouwer e Heyting. La pubblicazione più recente è dovuta a A. S. Troelstra, "Completeness and validity of intuitionistic predicate logic", in: *Colloque International de Logique, Clermont-Ferrand 18-25 juillet 1975*, Colloques Internationaux du Centre National de la Recherche Scientifique, N. 249 (1977), pp. 39-58. Un'informazione più aggiornata (concernente sia i miglioramenti tecnici che soprattutto le limitazioni del significato del concetto di validità per domini e relazioni qualsiasi) si può trovare negli articoli di Kreisel e Troelstra negli Atti della Conferenza sulla logica moderna, tenuta presso l'Istituto della Enciclopedia Italiana, Roma 26-30 settembre 1977, in corso di stampa.

BIBLIOGRAFIA

[1] E. W. Beth, Semantic construction of intuitionistic logic, *Madedelingen der Koninklijke Nederlandse Akademie van Wetenschappen, Afd. Letterkunde, Nieuwe Reeks*, 19 (1956), pp. 357-388.

[2] K. Gödel, Über eine bisher noch nicht benütze Erweiterung des finiten Standpunktes, *Dialectica*, 12 (1958), pp. 280-287.

[3] —, Remarks before the Princeton Bicentennial Conference on problems in mathematics, in: *The Undecidable*, a cura di M. Davis, Raven press, Hewlett, New York., 1965, pp. 84-88; trad. it. in *La filosofia della matematica*, a cura di C. Cellucci, Laterza, Bari, 1967, pp. 137-141.

[4] W. Hanf e D. Scott, Classifying inaccessible cardinals, *Notices Amer. Math. Soc.*, 8 (1961), p. 445.

[5] G. Kreisel, A remark on free choice sequences and the topological completeness proofs, JSL 23 (1958), pp. 369-388.

[6] —, On weak completeness of intuitionistic predicate logic, JSL 27 (1962), pp. 139-159.

[7] —, Mathematical logic, in: *Lectures on modern mathematics*, vol. III, a cura di T. L. Saaty, Wiley, New York, 1965, pp. 95-195.
[8] —, Axiomatizations of nonstandard analysis that are conservative extensions of formal systems for classical standard analysis, in: *Applications of model theory to algebra, analysis and probability*, a cura di W. A. J. Luxemburg, Holt, Rinehart & Winston, New York, 1969, pp. 93-106.
[9] —, Church's thesis: a kind of reducibility axiom for constructive mathematics, in: *Intuitionism and proof theory*, a cura di J. Myhill, A. Kino e R. E. Vesley, North-Holland Publ. Co., Amsterdam, 1970, pp. 121-150.
[10] G. Kreisel e M. A. H. Newman, L. E. J. Brouwer 1881-1866, *Bibliographical Memoirs of Fellows of the Royal Society*, 15 (1969), pp. 39-68.
[11] G. Kreisel e A. S. Troelstra, Formal systems for some branches of intuitionistic analysis, *Annals of Math. Logic*, 1 (1970), pp. 229-387.
[12] J. Myhill, Notes towards an axiomatization of intuitionistic analysis, *Logique et Analyse*, 9 (1966), pp. 280-297; rec. in *Zentralblatt* 187 (1970), pp. 263-265.
[13] J. Myhill, The formalization of intuitionism, in: *Contemporary philosophy*, vol. I, a cura di R. Klibanski, La Nuova Italia, Firenze, 1968, pp. 324-341.
[14] H. Rasiowa e R. Sikorski, *The mathematics of metamathematics*, PWN, Varsavia, 1963.
[15] D. Scott, Extending the topological interpretation to intuitionistic analysis II, in: *Intuitionism and proof theory*, a cura di J. Myhill, A. Kino e R. E. Vesley, North-Holland Publ. Co., Amsterdam, 1970, pp. 235-255.
[16] A. S. Troelstra, The theory of choice sequences, in: *Logic, methodology and philosophy of science III*, a cura di B. van Rootselaar e J. F. Staal, North-Holland Publ. Co., Amsterdam, 1968, pp. 201-223.

GEORG KREISEL

Due note sui fondamenti della teoria degli insiemi

I. GLI INSIEMI: CHE COSA SONO E COSA NE SAPPIAMO

A scanso di equivoci, si ricordi che, dal punto di vista ingenuo, gli insiemi compaiono in un certo numero di contesti differenti (collezioni finite di oggetti concreti davanti a noi; insiemi di numeri naturali che soddisfano condizioni più o meno esplicite; insiemi di punti in geometria). Si potrebbe dubitare, quindi, che ci si trovi di fronte a una nozione generale *precisa* (di insieme); sembrerebbe trattarsi piuttosto di una *mescolanza* di nozioni. In effetti questa era, storicamente, l'opinione corrente dei contemporanei di Cantor. Alcuni di essi, che assunsero una posizione differente, cercarono di isolare e studiare tale nozione generale. Com'è noto, si ebbero parecchie false partenze e vennero avanzate varie proposte, per esempio da parte di Russell ([VH] pp. 150-152 o [Ru] App. B), alcune delle quali non sono state ancora sviluppate seriamente.[1] Col tempo si isolò la struttura cumulativa dei tipi, note-

[1] Non mi ritengo competente ad analizzare in dettaglio quale fosse allora l'opinione corrente in merito. È ovvio che la risposta è di interesse cruciale (se si cercano nuovi assiomi) perché riguarda la scoperta degli assiomi attuali! È altrettanto ovvio che questo tipo di analisi ha valore solo se è esauriente (altrimenti si ridurrebbe a una semplice illustrazione delle proprie vedute teoriche con una scelta di citazioni), e perciò occorre considerare *tutte* le fonti: lettere, recensioni, polemiche, ritrattazioni. Si debbono *passare al setaccio* le prove, perché, come è noto, nelle pubblicazioni ufficiali si seguono varie tattiche: alcuni, come Brouwer esplicitamente e Russell implicitamente, seguono il consiglio di G. B. Shaw che per far colpo bisogna esagerare; altri, come Zermelo, si preoccupano, per così dire, di far buona impressione, in particolare per premunirsi contro eventuali critiche. *Correzione.* Talvolta, per esempio in [K3] p. 143, ho attribuito a Zermelo l'idea della gerarchia cumulativa, dal momento che egli fornì una giustificazione molto chiara dei suoi assiomi in [Z1], e dopo una prima lettura mi era parso che intendesse prendere il *più piccolo* modello (del suo sistema del secondo ordine), cioè la gerarchia fino al livello $\omega + \omega$ (escluso). Per *questa* struttura la sua particolare modifica della formulazione incoerente del principio di comprensione non è affatto un espediente *ad hoc*: la vecchia forma è *evidentemente* falsa, evidentemente falsa,

volmente chiara e generale, che consiste negli oggetti generati iterando l'operazione: $X \to X \cup \mathfrak{P}(X)$, dove $\mathfrak{P}(X)$ denota l'insieme potenza di X, e prendendo l'unione insiemistica agli ordinali limite. Più precisamente, bisogna distinguere tra (i) le gerarchie *ottenute* a partire dall'insieme vuoto o da qualche insieme specifico, per esempio N, iterando l'operazione fino a qualche ordinale riconosciuto, per esempio ω^2, e (ii) il *processo* di iterazione dell'operazione a partire da una collezione scelta in uno stock di individui, concepito come inesauribile, dove il processo, a sua volta, viene concepito come illimitato.

Questa struttura fu il risultato di un'analisi: il passo decisivo nello studio dei fondamenti non fu costituito da complicate costruzioni formali, ma dalla descrizione (a parole!) della struttura cumulativa dei tipi. Per me, non direi che questa, o qualsiasi altra nozione generale, sia la nozione *ingenua* di insieme (per quanto si è detto a proposito dei contemporanei di Cantor).

I ben noti assiomi che vanno sotto il nome di assiomi di Zermelo, valgono per le gerarchie cumulative ottenute a partire dall'insieme vuoto, iterando la costruzione dell'insieme potenza fino ad un ordinale limite qualsiasi $> \omega$; se, invece che dall'insieme vuoto, si parte da una collezione (non vuota) di individui, cioè di oggetti privi di *elementi*, si deve rimpiazzare l'assioma di estensionalità con

$$\forall x \ \forall y \ ([\exists z \ (z \in x) \ \wedge \ \forall u (u \in x \leftrightarrow u \in y)] \to x = y).$$

Obiettivamente, allo stato attuale delle conoscenze, il *problema naturale* è di sviluppare la teoria e di scoprire di più sulla struttura; dal punto di vista matematico, derivando conseguenze dagli assiomi formulati (da Zermelo e dopo), e scoprendo i limiti degli assiomi (stabilendo risultati di indecidibilità formale); dal punto di vista fondazionale, esaminando ulteriormente la struttura descritta e formulandone nuove pro-

in effetti, per *ogni* segmento della gerarchia. Ma, rileggendo il testo di Zermelo, non trovo una formulazione *esplicita* della situazione, che in questo caso, ovviamente, costituisce il problema principale. Una cristallina formulazione si può trovare a pp. 262-263 e nella nota 15 di Gödel [G1], che spiega la diretta relazione tra la struttura cumulativa dei tipi e i paradossi. A mio parere (cfr. anche l'osservazione di Gentzen alla fine dell'introduzione del suo articolo: *Die Widerspruchsfreiheit der Stufentheorie*, Math. Zeit., 41 (1936), pp. 357-366) probabilmente *il fatto più importante da tener presente a proposito dei paradossi è questo*: la formulazione difettosa dell'assioma di comprensione è incoerente anche *senza* l'assioma dell'infinito. Perciò non c'è motivo di supporre che i paradossi siano particolarmente connessi con gli insiemi *infiniti*; cfr. § 2. *Aggiunta in bozze*. L'articolo di Zermelo [Z2] fornisce un'esposizione di insuperabile chiarezza delle questioni precedenti, soprattutto a p. 29 e a p. 47.

prietà, in altri termini continuando il processo che ha condotto agli assiomi attuali. Si incontrano qui due problemi fondamentali interconnessi:

> Quante volte iterare l'operazione di insieme potenza? più precisamente, se si risponde: quante volte è possibile, come esprimere ciò in modo utile? In generale, in quale linguaggio formulare le proprietà della struttura? Naturalmente, come tutti sanno, c'è 'il' linguaggio della teoria degli insiemi (nel quale sono formulati gli assiomi usuali): ma è esso adeguato?

Ora, come è noto, le popolari discussioni sui fondamenti muovono obiezioni contro la nozione di insieme che è implicita in tali problemi. Perciò, per evitare un inutile *malaise*, faremo una breve digressione sulle origini di queste obiezioni. Esse non vanno ricercate nella matematica ordinaria, ma nelle dottrine formaliste o, più in generale, costruttiviste. Fornire un'analisi completa costituisce un tema di ricerca, dal momento che queste dottrine, sebbene note di *nome*, non sono generalmente capite; per di più, attualmente il loro *significato* non è neppure noto dall'uso non formale, poiché la pratica matematica si basa sulla nozione di insieme! per lo meno nel senso (i). Comunque la distinzione fondamentale e le condizioni di adeguatezza date appresso dovrebbero essere sufficienti a sgomberare il campo da tali obiezioni.[2] Quanto ai due problemi, torneremo su di essi nel paragrafo 2.

1. *Obiezioni alla nozione fondamentale di insieme.* Esamineremo (a) il carattere 'impredicativo' dell'operazione di insieme potenza (applicata ad insiemi infiniti), e (b) l'assunzione dell'esistenza di insiemi infiniti. La conclusione sarà che, considerate come *obiezioni*, (a) e (b) sono insostenibili; lo stesso vale per le popolari obiezioni alla cosiddetta concezione *realista* della matematica che accetta (a) e (b); ma nella parte (c) faremo segnare alle idee in questione una *svolta positiva*; grosso modo ciò che cerchiamo è una fondazione non insiemistica che permetta di analizzare i vari tipi di dimostrazione in termini di *complessità* delle nozioni, a differenza della posizione realista che si preoccupa della *grandezza.*

(a) La prima obiezione è questa: *l'operazione di insieme potenza è imprecisa perché (nel caso degli insiemi infiniti) non si può definire ogni sottoinsieme.*

[2] Ciò va inteso alla lettera; non per mettere in ridicolo queste discussioni dilettantesche (che è fin troppo facile), ma per vedere in dettaglio che cosa si nasconde dietro di esse.

Innanzi tutto, a *quale* nozione di definibilità ci si riferisce qui? Certo esiste una maggiore ambiguità nella scelta delle definizioni che non nella nozione di insieme *qualsiasi*. Per esempio, i matematici sanno benissimo che cos'è un insieme *qualsiasi*, cioè un sottoinsieme di un dato insieme, ma non hanno la minima idea di che cosa sia un insieme definibile. In breve: se si attribuisce un senso pratico alla precisione, analizzare il *significato* dell'obiezione è un grosso problema fondazionale, e un problema interessante se considerato seriamente.[3]

In secondo luogo, dando per scontato che l'attacco (contro l'obiezione) è solo una difesa pratica, e non una difesa logica, vediamo se esiste alcuna prova che l'effettiva comprensione[4] della nozione di insieme potenza dipende dalle definizioni (o da un'enumerazione delle definizioni). Persino quando un'enumerazione è possibile, come nel caso degli insiemi finiti, la comprensione della nozione di collezione di tutti i sottoinsiemi dipende davvero dalla *possibilità* di una tale enumerazione? Se l'enumerazione non compare esplicitamente in un'argomentazione, che (potere di convinzione) le si può attribuire?[5]

(b) La seconda obiezione, forse più coerente, ma formulata più raramente in modo esplicito, è la seguente. *Esistono solo le collezioni finite,*

[3] Bisogna distinguere tra (i) le nozioni elementari di definibilità, come negli studi sulla matematica predicativista [F], [Sc], che riducono le assunzioni esistenziali astratte, e (ii) gli usi *problematici*, in cui si ammettono non solo quantificazioni, per esempio, su tutti gli insiemi di numeri naturali (e perciò si ammette come ben definito l'insieme potenza di ω), ma anche definizioni che comportano quantificazioni su insiemi *definibili*; per informazioni su questa nozione altamente impredicativa di definibilità, v., per es., [K4], Nota IV. Per l''obiezione' del presente sottoparagrafo (a), solo (i) è pertinente; (ii) può essere importante per lo sviluppo della teoria degli insiemi.

[4] Nel senso di: capacità di seguire un ragionamento che comporta la nozione, e non nel senso (matematico) di saper trattare facilmente la nozione. *Digressione*: una volta ho sentito un''obiezione' divertente contro l'assioma dell'insieme potenza, cioè che $\forall a \, \exists b \, \forall c (c \in b \leftrightarrow c \subset a)$ è un esempio di assioma di comprensione non ristretto (contraddittorio)! (La condizione $c \subset a$ non restringe c ad un insieme già definito.) Tale è anche l'assioma dell'insieme unità: $\forall a \, \exists b \, \forall c \, (c \in b \leftrightarrow c = a)$! L'assioma contraddittorio *non* costituisce certo il motivo per cui si studia l'operazione di insieme potenza.

[5] Se non si è prevenuti in merito a causa di *teorie* filosofiche, i fatti convalidano proprio la conclusione opposta. Si consideri il ben noto problema: si può coprire una scacchiera con dei pezzi da domino in modo che ogni pezzo copra esattamente due scacchi, e restino scoperti solo due scacchi diagonalmente opposti? Una dimostrazione, per esempio una dimostrazione per induzione sulle possibili disposizioni dei pezzi del domino, non sarebbe spaventosa se dipendesse davvero da un'enumerazione di tali disposizioni? Naturalmente ciò non dimostra che la possibilità di un'enumerazione non è mai importante, ma solo che la sua importanza dipende da fattori più complessi della comprensione o della precisione *tout court*.

perciò anche le 'definizioni' aritmetiche, che comportano quantificatori su (la collezione infinita dei) numeri naturali, sono imprecise.[6]

Se si fa uso della nozione di insieme astratto, in base alla presente obiezione, questa va considerata come una *façon de parler*, che richiede una 'riduzione' a principi relativi agli insiemi finiti. Grazie alla formulazione data da Hilbert del suo programma (e, a differenza della questione della definibilità, di cui ci si è sbarazzati sopra), si può essere più precisi. La riduzione parte dalla *formalizzazione* dei nostri usi effettivi della nozione di insieme astratto, e cerca di soddisfare la seguente *condizione di adeguatezza* sulle 'riduzioni': dimostrare con metodi elementari che, se si può derivare formalmente un teorema sulle collezioni finite mediante l'uso di principi astratti, tale teorema può essere derivato anche mediante l'uso di principi elementari.[7] I metodi elementari che Hilbert aveva in mente erano del tipo ben noto dalla matematica che si studia a scuola; egli li chiamò *finitisti* per ovvi motivi.

Come è noto, si può dimostrare che il programma originario di Hilbert è fallito. Ma, a parte questo, è plausibile l'obiezione? Certo i matematici non *si comportano* in conformità ad essa poiché, anche se *potrebbero* prestarle attenzione, in pratica non lo fanno. In effetti, se si crede a un'obiezione *del genere*, perché non ci si limita alla matematica strettamente finitista? Dopo tutto c'è una quantità di difficili problemi aperti in tale campo. O anche, perché almeno non si studia attentamente se, per un dato teorema, si possono evitare assiomi finitisticamente ingiustificati, come, per esempio, nell'algebra assiomatica si cerca di non assumere la commutatività?[8] Le risposte che si danno di solito sono dei luoghi comuni triti e ritriti. 'Questi assiomi sono necessari per le dimostrazioni'; va bene, ma quanti si sono preoccupati effettivamente di verificarlo?[8] Oppure: 'Essi sono necessari per rendere la matematica

[6] O, più esplicitamente, l'applicazione delle leggi della logica classica ad espressioni quantificate è ingiustificata. Non si ripeterà mai abbastanza che, per *questa* obiezione, il problema principale è l'uso della logica classica (per esempio in aritmetica) senza una reinterpretazione; grossolanamente parlando, l'aggiunta di *altri* assiomi è secondaria.

[7] Abbastanza ingiustamente questo positivo e durevole contributo di Hilbert ai fondamenti (l'analisi delle condizioni di adeguatezza di una riduzione formalista) viene trascurato da alcuni di coloro che accettano le sue tesi più stravaganti sulla posizione formalista (tesi che implicano una serie di false congetture). Va notato, tra l'altro, che certa sua terminologia, come: separare il 'giuoco' della matematica dalla metamatematica, ha senso solo se si accettano le congetture che il suo programma avrebbe dovuto dimostrare.

[8] Ciò che più importa è che l'effettiva pratica matematica *richiede* solo degli assiomi molto più deboli di quanto si ritenga generalmente. *Digressione.* Questa possibilità di ridurre la pratica attuale a tali assiomi deboli è importante per la cosiddetta fondazione *neo-formalista*, esposta con vigore da Bourbaki; l'idea è che

bella ed elegante'; sia pure, ma anche certe false dimostrazioni sono davvero eleganti, e si può 'aver bisogno' di $0.a = 0.b \rightarrow a = b$ per una particolare (falsa) dimostrazione.

Occorre menzionare, a questo punto, un diffuso punto di vista, che è meno coerente dell''obiezione', ma è connesso con essa. Non si rifiuta la nozione di insieme, ma si pretende che essa *derivi* dal particolare caso degli insiemi finiti, per cui ci si deve rivolgere a questi per trovare una giustificazione degli assiomi della teoria degli insiemi. Anche se fosse vero, ciò non porterebbe molto lontano, poiché il problema principale diverrebbe quello della *natura del passaggio.*[9] Comunque, storicamente, le prove a favore di tale punto di vista sono piuttosto deboli. La teoria di Cantor trasse origine dal suo lavoro sugli insiemi di *punti*, dove la finitezza è evidentemente assente, e, per esempio, l'ipotesi del continuo di Cantor: $2^a = a^+$ (dove a^+ denota il successore di a) non è convalidata dall'esperienza dei cardinali finiti, dove $2^a = a^+ \leftrightarrow (a = 0 \vee a = 1)$; 0 e 1 non sono considerati come strettamente corrispondenti a $\aleph_0$. Logicamente la posizione è debole perché, anche quando si hanno gli assiomi fondamentali della teoria degli insiemi (per gli insiemi astratti), non è affatto ovvio che essi implichino le loro relativizzazioni agli insiemi finiti! Per esempio, ammesso che, in base al significato di *o*, l'unione di due insiemi è un insieme, bisogna

la fiducia nella coerenza dei sistemi formali abituali è empirica, si basa sull'esperienza che se ne ha. L'idea è sospetta perché, ovviamente, essa mira ad evitare le discussioni sui fondamenti. Ma più obiettivamente la sua debolezza sta nel fatto che l'esperienza consiste nell'*uso* dei principi formali: essa non ha lo scopo di *metterli alla prova*; cfr. [KK] p. 172 e la nota 3 a p. 189. Più pittorescamente la si può paragonare all'uso di una medicina, in cui, almeno a livello conscio, di solito si cercano di *evitare* guai; mentre in una prova si cercano di scoprire incompatibilità, per esempio, incompatibilità con altre medicine (per così dire, incoerenze). Consideriamo pure quale peso abbia l'esperienza matematica nelle questioni dei fondamenti; solo: *facciamolo* sul serio.

[9] I testi moderni, nel tentativo di rimanere 'neutrali', parlano talvolta di un *trasferimento* della conoscenza degli insiemi finiti agli insiemi infiniti o, più in generale, agli insiemi astratti (cfr. per esempio, l'introduzione di [J]). Logicamente parlando l'espressione è priva di senso, a meno che non ci sia qualcosa *a* cui trasferire, cioè a meno che non sappiamo di quale nozione astratta si sta parlando. Se non lo si sa (come Hilbert ammetteva apertamente, cfr. le note 7 e 8) il 'trasferimento' dovrebbe essere convalidato da una dimostrazione di coerenza che usasse solo la nostra 'conoscenza' degli insiemi finiti. È divertente che nell'esposizione [J], dopo gli strombazzamenti introduttivi, le proprietà degli insiemi finiti non vengano usate neppure euristicamente. Invece, nel paragrafo 2 appresso, avremo occasione di sottolineare proprietà davvero fondamentali della struttura degli insiemi ereditariamente finiti, precisamente il carattere finitista dell'operazione di *insieme potenza* applicata agli insiemi finiti, e il carattere non finitista della sua *iterazione* per tutti gli ordinali finiti.

ricorrere ad un'altra idea per *rendersi conto* che l'unione di due insiemi finiti è finita. Ciò rende implausibile la posizione anche dal punto di vista psicologico, poiché la finitezza e il contare presentano maggiori difficoltà (per gli esseri umani, non per i dispositivi meccanici) che non le operazioni astratte.[10] Non è vero forse che, quale che sia il ruolo speciale svolto dalla finitezza nel nostro pensiero, questo non può consistere semplicemente nel fatto che gli oggetti *del* pensiero sono finiti?[11]

(c) In quanto *obiezioni* a nozioni astratte come quelle di sottoinsieme qualsiasi e di insieme potenza, le popolari argomentazioni considerate in (a) e (b) non sono affatto conclusive. L'uso (continuo) di tali nozioni nella pratica matematica è perfettamente ragionevole: dopo un'accurata riflessione, i matematici trovano del tutto convincente il proprio ragionamento; in particolare l'eliminazione di queste nozioni, anche quando è possibile, non rafforza la loro convinzione.[12] Al con-

[10] Non conosco un'analisi rigorosa dell'esperienza, per esempio, dell'insegnamento, non possa risolvere la questione. Naturalmente il problema è analogo a quello della nota 8. Non si *provano* differenti metodi di insegnamento, ma si sviluppa, spesso con entusiasmo non comune, una presentazione che si ritiene *corretta* (probabilmente: corretta dal punto di vista dottrinario); e raramente si confronta con altri il successo dei propri metodi!

[11] Il fallimento del programma hilbertiano qui è decisivo solo se si assume la posizione descritta, in particolare: il *passaggio* in senso molto stretto. Se si considerano nozioni 'complicate' *riguardanti* gli insiemi finiti, come la *fattibilità* di Esénine-Volpine [EV], rinasce il problema. [EV] ha il grande merito di mostrarci *che tipo di assunzioni sarebbero necessarie per sviluppare la posizione.*

[12] È superfluo dire che ciò che trovano convincente sono i principi su cui hanno riflettuto, e non qualcosa di cui sentono parlare per la prima volta, come i cardinali misurabili (che possono o meno resistere ad un esame). Con stupore ho appreso l'altro giorno che, contrariamente a [K2] p. 113, 1.721, coloro che lavorano sui cardinali misurabili di solito *definiscono* misurabile $\varkappa$ solo se $\varkappa$ è *non numerabile*. Perciò, secondo tale definizione, non si conosce *alcun* $\varkappa$ misurabile! Non c'è da stupirsi che i non specialisti trovino sospetta tutta la questione. In base alla definizione più naturale, $\varkappa = 2$ e $\varkappa = \omega$ sono *dimostrabilmente* misurabili; e proprio come il primo $\varkappa$ che è additivo per l'unione di due insiemi, cioè ω, è anche $\varkappa$-additivo, cioè finitamente additivo; così, se esiste un $\varkappa$ non numerabile che ha una misura numerabilmente additiva, il più piccolo di tali $\varkappa$ è $\varkappa$-additivo. In altri termini, il primo $\varkappa$ misurabile non numerabile sarebbe una soluzione dell'equazione:

2 sta a ω (rispetto alla misurabilità) come ω sta a $\varkappa$.

Da tale punto di vista la non esistenza di un cardinale misurabile non numerabile suffragherebbe l'idea (piuttosto) vaga che *niente* (non numerabile) *è tanto differente da* ω *quanto* ω *lo è dal finito.* Si può notare che esiste una difficoltà teorica nel valutare le prove a favore dei grandi cardinali. Solo chi abbia riflettuto sul problema è in grado di giudicare; e *potrebbe* avere un interesse acquisito. In realtà in passato molto spesso dei principi erronei vennero *dimostrati* sbagliati da coloro che li avevano presi sul serio. Per una situazione analoga nel caso dei risultati di indipendenza, si veda la nota 1 della Nota II.

trario, è un fatto empirico che le dimostrazioni che fanno uso di principi astratti non solo sono del tutto oggettive, ma di solito sono più intellegibili e quindi, in pratica, più attendibili; esse sono necessarie per evitare errori di calcolo e sviste anche quando *si dispone* di un'argomentazione elementare. Un problema ben distinto è se questi matematici, o chiunque altro, dispongano di un'analisi filosofica soddisfacente delle nozioni in questione. La situazione è tipica delle relazioni generali fra pratica e analisi teorica (in questo caso, filosofica). Ma, come pare caratteristico delle questioni fondamentali, *solo dei progressi decisivi nella comprensione filosofica sembrano fornire una parvenza di coerenza*; formulazioni dilettantesche danno luogo di solito ad associazioni semplicemente ridicole. In particolare la cosiddetta concezione 'realista' o 'platonista' (che è associata all'operazione di insieme potenza) viene spesso descritta come se comportasse enormi *sostanze* (*materiali*).[13] Tutt'al più ciò dimostra che le nozioni in questione sono difficili da analizzare, non che sono dubbie; per esempio quel che si *dice* dei numeri e dei numerali, delle figure e dei segni sulla carta suona proprio ridicolo, eppure l'aritmetica numerica è un classico esempio di matematica non problematica. Tornando alla teoria degli insiemi, probabilmente il primo passo essenziale è: *accettare l'oggettività delle nozioni fondamentali* (sottoinsieme, insieme potenza) sopra menzionate, e darne poi, se possibile, un'analisi fenomenologica. Certo, in vista di questa oggettività, *qui si ha a che fare con qualcosa di molto più sottile che non la semplice mancanza di 'precisione'*. Forse non è azzardato paragonare l'antitesi oggettivo-soggettivo, in questo caso, con la ben nota antitesi eredità-ambiente. In particolare la peculiare caratteristica sia dei fattori soggettivi che di quelli ambientali è il loro carattere casuale e la loro molteplicità, la loro dipendenza da circostanze accidentali. L'oggettività delle nozioni è in stretta relazione col *piccolo* numero delle distinzioni che occorre fare e, forse, come nel caso delle mutazioni letali, con il caos derivante dalle 'varianti secondarie'. Si noti che la comune relazione fra oggettività e realtà *esterna*, per quanto poco convincente, forse non è particolarmente ingannevole: se qualche cosa dentro di noi non è sotto controllo, se fa parte dei *dati*, può essere

[13] Originariamente queste formulazioni vengono introdotte dai critici di una posizione, ma poi attecchiscono. In ultima analisi i critici si rendono ridicoli perché non riescono a trovare una formulazione decente. Presumibilmente una buona formulazione della posizione realista sta a certe popolari formulazioni correnti come una buona formulazione della teoria atomica sta a quella di Eddington (che paragonava la materia a uno sciame di mosche, senza nemmeno postulare che le mosche fossero tenute unite, per esempio, da vincoli di amore). Per poter dare tale formulazione, bisogna aspettare che la posizione sia sviluppata.

considerata, in prima approssimazione, come data 'esternamente'.

Ciò posto, nella posizione realista in generale, e nell'uso indiscriminato dell'operazione di insieme potenza in particolare, *c'è*, o almeno sembra esserci, un autentico difetto. La posizione si preoccupa delle *assunzioni esistenziali*, sicché, in relazione alla gerarchia cumulativa, l'unico fattore che essa prende in considerazione è il *numero di iterazioni* dell'operazione di insieme potenza. Ciò vale naturalmente anche per l'analisi in termini di insiemi costruibili e di modelli a valori booleani, nella misura in cui questi ultimi vengono definiti mediante la gerarchia cumulativa. Dal punto di vista ingenuo non è affatto plausibile che tutti gli aspetti problematici di un concetto debbano riguardare la sua *grandezza*, cioè il cardinale della sua estensione (in questo caso, il numero di iterazioni dell'operazione di insieme potenza): ci si aspetterebbe che la *complessità* svolga un ruolo indipendente. Per fare un esempio grossolano tratto dalla matematica costruttiva, il concetto di successione (infinita) di numeri naturali evidentemente è meno problematico della definizione di un sottoinsieme di $\{0,1\}$ col *tertium non datur*. In breve, dal punto di vista di un'indagine della *conoscenza* o, come si dice, della *situazione evidenziale*, la posizione realista può risultare difettosa *se non fornisce un ambito maneggevole per questo tipo di analisi* (e non: difettosa perché è intrinsecamente debole).

Torneremo ripetutamente in seguito su questo possibile difetto; ma anche sul fatto degno di nota che, *al momento attuale*, la migliore analisi che possiamo dare della complessità *è* in termini della grandezza! per esempio, in termini dei cardinali necessari per definire l'oggetto considerato. Bastino, per il momento, due considerazioni generali. In primo luogo, se si vogliono proporre delle nozioni per una diversa analisi, queste andranno studiate per il loro interesse intrinseco e non semplicemente perché si suppone che qualche *altra* nozione (per es. quella di insieme potenza) sia erronea! In secondo luogo, come è abbastanza naturale, *è necessario un certo grado di esperienza degli schemi fondazionali non insiemistici per poter giudicare le prospettive di tale diversa analisi*. Senza questa esperienza il giudizio è mal informato e perciò non ha valore.

2. *La struttura cumulativa dei tipi.* Dopo aver esaminato nel paragrafo precedente le 'obiezioni', siamo pronti ad affrontare a viso aperto la struttura (invece di sbirciarla girandole intorno come nelle fondazioni di tipo hilbertiano). In vista dell'ultimo capoverso, e come c'era da aspettarsi dalla posizione realista (p. 99), allo stato attuale è più utile analizzare il numero di iterazioni che non l'operazione di insieme potenza. In altri termini la situazione generale è simile a quella che si

ha quando per insieme si intende (tacitamente): insieme (ereditariamente) finito; in tal caso l'esistenza dell'insieme potenza non presenta problemi dal punto di vista finitista, a differenza dell'iterazione 'fino a' ω, poiché la totalità di tutti gli ordinali finiti non è finita (cfr. anche la nota 9).[14]

(a) Così come sono, i consueti assiomi della teoria degli insiemi valgono per opportuni *segmenti* della gerarchia. La loro totalità è qualcosa di assolutamente irraggiungibile, così come ω non può essere raggiunto con operazioni *finite*. I cosiddetti assiomi dell'infinito implicano, per lo meno unitamente agli altri assiomi, che i segmenti considerati sono lunghi. Si hanno in proposito due punti importanti dal punto di vista dei fondamenti e, a mio parere, trascurati.

In primo luogo, si parla tanto del carattere *problematico* di alcuni di questi assiomi, per esempio di quelli che asseriscono l'esistenza di cardinali misurabili. Ciò che si dimentica sono gli *enormi progressi* in tale campo! Dieci anni fa non si sapeva neppure che il primo inaccessibile non è misurabile, per non parlare dei risultati di Solovay [So2].

In secondo luogo, cosa altrettanto importante, si manca di sottolineare che si posseggono ottime prove a favore di alcuni assiomi dell'infinito.[15] Per esempio, se si parte da due proprietà dei cardinali, la

[14] Naturalmente non si nega che la sostituzione dell'insieme potenza con un insieme descritto più esplicitamente sia spesso utile; si ricordi che, per una buona soluzione di problemi *di calcolo*, spesso è essenziale evitare funzioni esponenzialmente crescenti! Si consideri anche, e questo è di interesse più immediato, l'argomentazione dell'onnipotenza della Nota II.

[15] È semplicemente stupido considerare gli assiomi dell'infinito come qualcosa che si acquista a scatola chiusa con la concezione 'platonista'. Possiamo 'credere' tutti in un mondo reale, ma esistono su di esso teorie vere e teorie false. Tra parentesi, può darsi che esistano degli assiomi forti per cui è *più facile* trovare una giustificazione, così come talvolta è più facile dimostrare un teorema più forte se se ne è trovata la formulazione giusta. In realtà, come si è spesso osservato, le relazioni logiche formali possono dare effettivamente una rappresentazione erronea della situazione evidenziale. Si considerino le asserzioni: esiste (i) un modello generale, (ii) un ω-modello, (iii) un modello ben fondato, di una delle consuete estensioni della teoria degli insiemi di Zermelo. Se esiste *una* prova di (i), questa è fornita da (iii); più precisamente da un segmento della gerarchia cumulativa! Perciò allo stato attuale l'esistenza di un modello ben fondato degli assiomi di Zermelo, in effetti anche nella versione del secondo ordine, cioè l'esistenza della gerarchia di livello $\omega + \omega$, è più evidente dell'esistenza di un modello generale di *ZF* nella forma (consueta) del primo ordine. Ed il fatto che, se esiste *un* modello di *ZF*, ne esiste anche uno nei numeri naturali, con una definizione di verità Δ^0_2, non fa la minima differenza. La clausola 'allo stato attuale' è necessaria perché è concepibile che si possa dare una dimostrazione della coerenza di *ZF* che sta all'uso della gerarchia cumulativa così come, per esempio, le dimostrazioni di coerenza (di von Neumann, Herbrand, Gentzen) dell'aritmetica con induzione senza quantificatori stanno all'assunzione di *modelli* infiniti come modello dell'aritmetica.

compattezza e la compattezza debole, definite nel modo abituale, *letteralmente* non si hanno più prove a favore dell'una che a favore dell'altra, vale a dire nessuna; ed un attimo di riflessione mostra che il fatto che l'una implichi logicamente l'altra non fa alcuna differenza. Ma quando si riconosca che la seconda è una conseguenza di un principio di riflessione del secondo ordine, ecco che si è *trovata* una buona prova. (La dimostrazione di tale relazione è facile, come accade di solito quando si sa di che cosa si sta parlando). La prova è *buona* perché la validità del principio di riflessione appare chiara ad un'analisi più approfondita della gerarchia; si veda la fine del prossimo sottoparagrafo (b).

Può darsi che esistano altri assiomi dell'infinito per i quali si possano trovare delle buone ragioni: *ciò costituisce un problema reale* che, come si è appena visto, *può ammettere buone soluzioni*. Si noti che questo tipo di problema è respinto dalla concezione formalista (tranne che come problema della coerenza *formale*, il che è autodistruttivo).

(b) Nel considerare dei segmenti, come abbiamo appena fatto, l'ordinale fino al quale è estesa la gerarchia viene considerato come *dato*; cfr. [K2], p. 101 l. 18-22. Ora, è naturale chiedersi:

Non si hanno maggiori possibilità di sviluppo di una teoria sistematica (del processo di ricerca di tali ordinali) se si considera l'*idea* di una gerarchia illimitata, senza assumere naturalmente che essa sia raggiungibile?

Questo punto di vista è stato sviluppato da Kripke nel corso di conferenze pubbliche e di conversazioni. Il problema principale (cui lo ha ben preparato il lavoro precedente [Kri]) è naturalmente questo: analizzare l'*interpretazione* delle operazioni logiche, in particolare quella dei quantificatori con un campo sempre in espansione, implicita nella concezione, e formulare le leggi corrispondenti. Come si è già accennato, si può supporre che la gerarchia di tutti i livelli *finiti*, trattata finitisticamente, fornisca un buon esempio 'in piccolo' di ciò. Ovviamente è da supporre che valgano delle leggi *simili* alle leggi formali intuizioniste,[16] ma non identiche ad esse: per esempio nel caso presente varrà $A \vee \neg A$ se tutti i quantificatori di A sono ristretti alla chiusura transitiva di un insieme o al suo insieme potenza, ecc. Infine, osserviamo che, in termini di *conoscenza* della gerarchia illimitata, i principi di riflessione sono del tutto evidenti: poiché la gerarchia è irraggiungibile, l'unico modo in cui si possa stabilire che un'asserzione A è valida nella gerarchia è che si sia raggiunto uno stadio α tale che A è valida

[16] Poiché queste ultime esprimono proprietà della nozione di *costruzione* così elementari che valgono per qualsiasi interpretazione che è 'costruttiva' anche in un senso molto lato.

in V_α (il segmento della gerarchia ottenuto allo stadio α), e la dimostrazione della validità fa uso solo di *condizioni di chiusura* che valgono per la gerarchia. (Naturalmente questa argomentazione giustifica la formulazione formale del principio di riflessione solo per la *nuova* interpretazione delle operazioni logiche).

Per essere *formalmente* precisi dobbiamo distinguere fra diverse formulazioni 'del' principio di riflessione (alcune delle quali sono equivalenti nella logica classica). L'argomentazione precedente giustifica la forma

$$(*) \qquad \forall x_1 \ldots \forall x_n \, [A \rightarrow \exists \alpha \, (x_1 \in V_\alpha \wedge \ldots \wedge x_n \in V_\alpha \wedge A^{[\alpha]})]$$

dove $A^{[\alpha]}$ si ottiene da A restringendo, formalmente, tutti i quantificatori a V_α. In realtà, però vale una forma molto più forte del principio di riflessione, cioè

$$\forall x_1 \ldots \forall x_n \, (A \vee \neg A) \rightarrow \forall \beta \, (\exists \alpha > \beta) \, \forall x_1 \ldots \forall x_n \, [(x_1 \in V_\alpha \wedge \ldots \wedge x_n \in V_\alpha) \rightarrow (A \leftrightarrow A^{[\alpha]})].$$

Infatti, aver dimostrato la premessa significa che, a qualche stadio della gerarchia, diciamo α_0, si è dimostrato

$$(\forall x_1 \in V_\alpha) \ldots (\forall x_n \in V_\alpha) \, (A^{[\alpha_0]} \vee \neg A^{[\alpha_0]})$$

e si è verificato che la dimostrazione fa uso solo di certe condizioni di chiusura soddisfatte da V_{α_0}, ed anche da V_β per un β comunque grande.

Questa argomentazione, naturalmente, non giustifica la forma 'consueta' del principio di riflessione, *senza* la decidibilità di A, poiché ciò richiederebbe che si potesse determinare α a partire da A (e β) senza neppure sapere se A ha un significato ben determinato per la gerarchia irraggiungibile. È buffo che, per lo stesso motivo, l'argomentazione non giustifichi neppure

$$(**) \qquad \forall x_1 \ldots \forall x_1 \exists \alpha \, [x_1 \in V_\alpha \wedge \ldots \wedge x_n \in V_\alpha \wedge (A \leftrightarrow A^{[\alpha]})]$$

che, come è noto, è più debole poiché non implica (neppure classicamente) il principio di riflessione; (**) è *classicamente* equivalente a (*).

Probabilmente non è superfluo enunciare esplicitamente *che cosa si assume* nell'interpretazione di Kripke. Evidentemente sarebbe vano interpretare gli operatori logici applicati alle successioni di modelli usati in [Kri] nel senso insiemistico abituale. Ciò equivarrebbe a trattare la gerarchia irraggiungibile come una 'totalità completa' nel metalinguaggio. C'è tuttavia una concezione perfettamente coerente, benché impredicativa, dell'interpretazione di Kripke: gli operatori logici vengono trattati come *primitivi*, come nozioni che si possono comprendere *anche quando* sono applicate a totalità 'potenziali', e [Kri] *fa uso* di questa comprensione (nel metalinguaggio) per rendere esplicite alcune proprietà di tali nozioni.

Poiché le leggi formali di Heyting sono valide (anche se incomplete) per questa interpretazione, i seguenti fatti formali sono importanti per la giustificazione delle teorie assiomatiche degli insiemi classiche; 'giustificazione' nel senso di una riduzione dei primitivi menzionati nell'ultimo capoverso:

(i) Ogni forma del principio di riflessione implica intuizionisticamente la sua cosiddetta traduzione negativa, cioè la forma ottenuta inserendo una doppia negazione dovunque possibile.

(ii) La traduzione negativa di (**) segue da (*) per (i).

Perciò le consuete teorie assiomatiche degli insiemi (classiche) comprendenti l'assioma dell'insieme potenza e il principio di comprensione si riducono alla presente concezione. Il principio di comprensione è valido nella forma

$$\forall a \forall x_1 \ldots \forall x_n [\forall x (A \vee \neg A) \rightarrow \exists y \forall x [x \in y \leftrightarrow (x \in a \wedge A)]]$$

dove, naturalmente, y non occorre in A.

Tornando ora al problema di cui all'inizio di questo sottoparagrafo, cioè § 2(b), va ammesso che i quantificatori illimitati sopra discussi non sono problematici per gli assiomi dell'infinito abituali in *matematica*, che asseriscono, per esempio, l'esistenza di ω o di $\omega + \omega$. In generale tali assiomi asseriscono che un segmento V_α ha la proprietà $I(\alpha)$, dove tutti i quantificatori di I sono ristretti a V_α o forse a V_β, per $\beta = \alpha + 2$ o $\alpha + 3$. Viceversa gli assiomi dell'infinito abituali in logica, come gli stessi principi di riflessione, non hanno tale carattere puramente esistenziale. Tra l'altro, in relazione a *questi* principi, la gerarchia finitista dei livelli finiti *non* fornisce un buon esempio 'in piccolo'. In effetti il principio di riflessione non vale per essa. Per lo meno *una* differenza ovviamente significativa è ben nota:

Il finitista può *formulare* nel linguaggio (finito) principi di chiusura come

$$x, y \rightarrow x \cup \{y\}$$

che sono soddisfatti dalla sua gerarchia, ma non da V_α per α finito. Viceversa una proprietà fondamentale della nozione di insieme qualsiasi è che ogni principio di chiusura formulato in termini insiemistici è soddisfatto da qualche V_α.

(c) Torniamo ora a una questione cui ho accennato spesso in precedenza, ma che non sono riuscito a sviluppare: forse qualcuno dotato di maggiore immaginazione saprà fare di meglio.

Cerchiamo di espandere il linguaggio della teoria degli insiemi, cioè aggiungiamo simboli per nuove nozioni primitive, e cerchiamo assiomi che siano evidenti (per le nozioni date) nel linguaggio esteso. Essi possono implicare proposizioni insiemistiche, cioè asserzioni nel linguaggio L_E della teoria degli insiemi, che non lo sono.

Prima facie gli argomenti a favore di questo progetto sono schiaccianti. In effetti la stessa descrizione esplicita della gerarchia fa uso di simboli per la nozione primitiva di *iterazione,* ed è un teorema il fatto che si può definire una proprietà (la proprietà di essere un ordinale di von Neumann) che rappresenta fedelmente questa nozione; si veda per esempio [MST] per un'esposizione esplicita. Inoltre in generale si sa che esistono moltissimi insiemi, anche di numeri naturali, che non sono definibili in L_E. Più precisamente si ha la definizione implicita di Tarski della relazione di soddisfazione,[17] che non è definibile esplicitamente in L_E. Aggiungendo alla teoria degli insiemi la proposizione definiente, ed espandendo gli schemi di assiomi, si ottengono nuovi teoremi formulati in L_E e, per esempio, anche una dimostrazione molto naturale della coerenza di certi principi di riflessione. Si noti che la *'riduzione' tradizionale della matematica* (aritmetica, continuo) *alla teoria degli insiemi non comprende questi casi.*

A tutto questo, come ha sottolineato Gödel in [G2], c'è da contrapporre il fatto che la particolare espansione ora menzionata (e altre simili) *può* essere sostituita da assiomi insiemistici del tutto evidenti; 'sostituita', in primo luogo, nel senso che i nuovi assiomi insiemistici implicano, per esempio, tutti i teoremi aritmetici dell'espansione. In realtà ci si può spingere un tantino oltre: per esempio, è un semplice esercizio verificare che, partendo da uno dei sistemi assiomatici abituali della teoria degli insiemi, dalla riflessione fino a un livello della gerarchia in cui tutti gli assiomi del sistema considerato sono veri, si ottengono anche tutte le conseguenze insiemistiche degli assiomi per la relazione di soddisfazione.

Un'espansione più interessante, ma anche più problematica, della letteratura [Kru] riguarda il predicato primitivo di essere una *'successione casuale'*. Myhill ha formulato degli assiomi per la nozione, loc.

[17] Osservazioni di R. Montague mi hanno aiutato a migliorare una precedente versione in proposito.

cit., che però non sono del tutto plausibili. Come egli stesso ha osservato, la nozione *intuitiva* di successione casuale *non* è certo estensionale; in particolare, considerando una successione prodotta da un dado, essa è casuale, ma ciò non garantisce che qualche elemento della successione differisca, per esempio, da 1; non è neppure intuitivamente chiaro che esista una collezione di successioni (intensionali) tale che (i) per ognuna di esse si può decidere se la successione è casuale o no, e (ii) gli assiomi abituali della teoria degli insiemi sono soddisfatti dalla collezione. Così anche qui si ha l'*idea* di un'espansione piuttosto che l'uso effettivo di un'espansione.[18]

Ma non bisogna esagerare: nessuno conosce un buon candidato per l'espansione del linguaggio della teoria degli insiemi. Senza dubbio, fino ad oggi la proposta di Gödel, coerente con la posizione realista, di cercare opportuni assiomi dell'infinito è stata di gran lunga più fruttuosa. Il massimo che si possa dire è, immagino, che esistono parecchi problemi che non si sanno decidere, e che forse c'è una relazione tra questi due fatti.[19]

Discussione. P. Bernays ha ripetutamente sottolineato nelle sue conferenze, per esempio in [B], e per lettera la seguente riserva *pragmatica* nei confronti della ricerca frenetica di nuovi assiomi dell'infinito.

> Certo, nessun sistema fissato, e addirittura nessun linguaggio fissato, esaurisce tutte le possibilità di definizione e di ragionamento matematico. Non potrebbe essere perciò più soddisfacente concentrarsi su un sistema relativamente ristretto? e, per usare le sue parole, non considerare la matematica come un deserto per la maggior parte incolto, che si estende a perdita d'occhio?

È chiaro che non si vuole che *tutti* diano la caccia ai grandi cardinali. È giusto che in logica si studino tipi di dimostrazione particolarmente elementari, e si diano interpretazioni non insiemistiche degli insiemi. Nella stessa matematica c'è tutta una scuola che cerca di risolvere i problemi generalizzandoli, rendendoli algebrici ed evitando metodi trascendenti o, addirittura, aritmetici. Credo che uno dei primi

[18] L'uso della nozione primitiva di successione casuale qui considerato, va distinto dalla nozione tecnica di reale casuale [Kru]; 'tecnica' nel senso che è definita nel vocabolario insiemistico.

[19] A proposito dello schema di Kripke (b), il linguaggio abituale ha l'ulteriore difetto che non tutte le operazioni proposizionali (per esempio nel senso di [Kri]) sono definibili; perciò c'è la possibilità di aggiungere non solo nuovi simboli 'non logici', coi relativi assiomi, ma anche nuovi simboli logici, per rafforzare i principi formali.

successi in questa direzione sia stata la soluzione di Artin del diciassettesimo problema di Hilbert formulato per il particolare corpo fondamentale **Q**:

Se un polinomio p di n variabili con coefficienti in **Q** è non negativo (su **Q**), p è una somma di quadrati di funzioni razionali (in **Q** $[x_1, ..., x_n]$)?

Se il problema fosse stato davvero aritmetico, cioè connesso con **Q**, la sua soluzione avrebbe potuto benissimo essere 'difficile', e esso avrebbe potuto risultare indecidibile in *uno dei consueti sistemi formali*, anche per p di grado *fissato* e per un n *fissato*; forse sarebbe stata necessaria l'esistenza di grandi cardinali! Invece Artin avanzò l'ipotesi che il teorema fosse *algebrico*, più precisamente valido per ogni corpo ordinato di coefficienti e perciò, detto in termini approssimativi, dimostrabile con metodi elementari.[20]

Ma ammesso tutto questo, *che cosa c'è da perdere a saperne di più sui grandi cardinali*? (Non è necessario spendere il proprio denaro anche se se ne hanno le tasche piene). Anche se si fosse risolto il problema di Hilbert con tali metodi speciali, ci si sarebbe potuti ancora chiedere se esso può essere generalizzato; così come oggi, nonostante la dimostrazione di Artin, ci chiediamo se il suo teorema è valido dal punto di vista intuizionista quando l'ordinamento del corpo fondamentale non è decidibile. Al contrario, l'esistenza di nozioni e tecniche concorrenti, alla lunga, è salutare anche per lo sviluppo degli stessi metodi elementari, perché costringe ad analizzare l'informazione supplementare fornita dalle dimostrazioni elementari. In effetti ci troviamo di nuovo nella situazione di cui alla fine del § 1: i metodi elementari ci interessano non perché sia 'erroneo' o 'inaccettabile' qualche *altro* metodo (che fa uso dei grandi cardinali), ma per i loro meriti intrinseci. Come sempre in tali circostanze, un piccolo sconvolgimento sociale è inevitabile.

[20] Più precisamente, bisogna riformulare un po' l'affermazione. Se K è il corpo ordinato che sostituisce **Q**, l'ipotesi è che il polinomio p è non negativo in qualche estensione reale chiusa di K; e la conclusione è che $p = \Sigma a_i\ (p_i/q_i)^2$ dove p_i e q_i sono polinomi con coefficienti in K e a_i è un elemento *positivo* di K. Per ogni coppia *fissata* di numeri interi n e d si può trovare certamente una *dimostrazione* del teorema per il polinomio generale di n variabili e di grado d, a partire dagli *assiomi dei corpi ordinati*. (Per la teoria dei corpi reali chiusi si può esprimere l'ipotesi in termini dello stesso K).

II. RISULTATI DI INDIPENDENZA FORMALE

Per evitare inutili malintesi, cominciamo subito col distinguere l'interesse dei *metodi* e delle *nozioni* (adoperate nelle dimostrazioni di indipendenza) dall'interesse del loro uso nell'ottenere risultati (formali) di indipendenza. Per esempio la nozione L di Gödel è necessaria per stabilire i fatti sulla nozione fondamentale di insieme (come nei teoremi della base di Shoenfield), del tutto indipendentemente dalla particolare 'ipotesi' $V = L$. Inoltre, Solovay è riuscito ad usare i metodi della dimostrazione di indipendenza di Cohen ottenendo risultati notevoli su V ([Sol], [So2]). L'interesse dei metodi è dunque una questione completamente distinta dal significato dei risultati particolari ottenuti col loro uso.[1]

1. *Punti di vista ortodossi sui risultati di indipendenza.* A parte un buon numero di *dicta* occasionali sull'indipendenza, esistono solo due punti di vista internamente coerenti e completamente opposti.

Il primo, e forse il più semplice, è questo. Sappiamo tutti che i sistemi formali della teoria degli insiemi sono incompleti, ed ora sappiamo anche che i sistemi consueti sono incompleti rispetto a un sacco di problemi ben noti. Questo è in effetti il punto di vista realista. Ora è naturale distinguere i risultati di indipendenza del primo ordine dai risultati 'assoluti' di indipendenza (distinzione che corrisponde a quella fatta nella Nota I, § 2, p. 105, poiché i risultati assoluti di indipendenza riguardano il *numero* di iterazioni della costruzione dell'insieme potenza, e non sono perciò affatto toccati dalla questione dell''indefinitezza' dell'operazione di insieme potenza).[2] Un esempio importante (che

[1] Si confronti la presente situazione circa eventuali 'interessi acquisiti' dei risultati di indipendenza formale, con quella discussa nella nota 12 della Nota I (relativa ai grandi cardinali). Certamente Gödel, che dimostrò il primo fondamentale teorema in questo campo, ha sempre insistito sui limiti dei risultati di indipendenza formale. Tuttavia si sono avute aberrazioni che sembrano richiedere una buona dose di igiene logica; v. la nota 8 appresso.

[2] Gli assiomi di Zermelo, o la loro estensione ad opera di Fraenkel, si presentano anzitutto come assiomi del *secondo* ordine (cioè come gli assiomi di Peano per l'aritmetica); per esempio l'assioma di comprensione e l'assioma di regolarità; v. [KK] p. 175. Gli *schemi del primo ordine corrispondenti* si ottengono da essi rimpiazzando le variabili del secondo ordine con una lista di predicati esplicitamente definiti, ed aggiungendo eventualmente delle formule del primo ordine che sono conseguenze (del secondo ordine) degli assiomi *totali*, cioè del secondo ordine (per un'analisi sistematica v., per esempio, [K4] §4). Sebbene le osservazioni seguenti sulle *nozioni di ordine superiore* siano classiche, è necessario ripeterle a beneficio di quei lettori che siano influenzati, consciamente o inconsciamente, dalle dottrine formaliste (altrimenti essi si sentiranno a disagio se sono

è, o dovrebbe essere, ben noto) è il seguente: (si può dimostrare che) l'ipotesi del continuo *IC non* è indipendente dalla versione totale (del secondo ordine) degli assiomi di Zermelo; si sa ciò senza che per questo si sappia se *IC* è decisa in senso affermativo o in senso negativo. L'esempio non è vuoto dato che, per esempio, l'assioma di rimpiazzamento è indipendente nel secondo ordine. È superfluo dire che, dal punto di vista delle *conoscenze* attuali sulla gerarchia degli insiemi, è di grande interesse stabilire *che cosa si può e che cosa non si può decidere* in base a dati schemi del primo ordine, in altri termini, *in base all'analisi attuale degli assiomi totali.*

Il secondo punto di vista ignora l'interpretazione principale e si limita ad indagare il corpo dei teoremi effettivamente derivati o probabilmente derivabili.[3] Mi pare *qui* (sebbene è probabile che quest'opinione non sia generalmente condivisa) che un aspetto particolarmente significativo delle dimostrazioni di indipendenza sia questo: quali teoremi, cioè teoremi di quale struttura sintattica, non sono influenzati dall'aggiunta come assioma della formula indipendente? In altri termini,

giudiziosi, o commetteranno l'assurdità di respingere semplicemente tali nozioni se non hanno un po' di sale in zucca). Le nozioni di ordine superiore naturalmente *non* rientrano in una fondazione formalista; ma qualora questa sia perseguita seriamente, come nel programma hilbertiano, essa cerca di *mostrare* che le nozioni di ordine superiore sono rimpiazzabili (in contesti appropriati); per esempio, *accettando* la nozione semantica di validità logica, si dimostra il teorema di completezza per certe classi di formule (il che addirittura non avrebbe senso se non si accettassero le nozioni implicite in quella di validità). Una seria fondazione formalista non cerca di imitare Procuste, semplicemente rifiutando ogni nozione estranea al suo ambito. Ammesso ciò, dobbiamo ancora risolvere questo *ingenuo rompicapo*: non è circolare usare le nozioni del secondo ordine, che presuppongono il concetto di insieme (o sottoinsieme), nell'assiomatizzare tale concetto? Certo lo sarebbe se si cercasse una *riduzione*, una definizione di questo concetto in termini, per esempio, più elementari; ma una riduzione non è il solo modo di studiare una nozione: si può riflettere sulla nozione! E non è affatto circolare usare un concetto per *formulare fatti* relativi ad esso; così si adopera il concetto di *finito* per formulare proprietà di nozioni come quella di 'insieme ereditariamente finito', o la relazione di soddisfazione, che, naturalmente, è definita con l'uso delle operazioni logiche, per formulare proprietà di tali operazioni. Per sospettare un circolo *vizioso* bisognerebbe avere delle ragioni indipendenti, come le ambiguità accennate all'inizio della Nota I prima dell'analisi ivi descritta. *Per riferimenti successivi* si noti questo fatto, semplice ma importante: le dimostrazioni di indipendenza della matematica 'ordinaria' sono 'assolute' (se pure si presenta la questione di uno schema); per esempio l'assioma delle parallele è indipendente dai rimanenti assiomi geometrici anche se il principio di continuità viene formulato come un assioma del secondo ordine.

[3] Questa formulazione evita per lo meno l'assurdità di 'accettare' i sistemi formali attuali rifiutando contemporaneamente quella stessa nozione per cui gli assiomi di Zermelo sono evidenti, cioè la nozione di struttura dei tipi.

la stessa dimostrazione di indipendenza funge da *strumento* della matematica corrente.[4]

2. *Indipendenza e tipi di evidenza.* Accettiamo dunque i punti di vista ortodossi, unitamente al fatto che l'indipendenza formale di *IC* non costituì affatto una sorpresa (Cohen [C] p. 39). Che cosa si impara da un esame dettagliato delle dimostrazioni di indipendenza? Che *tipo*[5] di informazione possiamo sperare di ricavarne? Non cerchiamo d'essere precisi o tecnici laddove non si ha in mente nulla di preciso e di tecnico: limitiamoci a capire che cosa vogliamo e facciamolo se e quando è possibile.

Non si ha forse la netta impressione che, anche se non si sa come decidere *IC*, una decisione comporterebbe considerazioni di *carattere completamente differente* da quelle che hanno condotto agli assiomi attuali? Ciò non implica affatto che tali considerazioni debbano essere 'qualsiasi' o addirittura non matematiche. A questo proposito, come si è già fatto notare da un punto di vista generale nella Nota I, § 1(c), si può validamente respingere la posizione realista come inadeguata. Ma ora possiamo essere più precisi: *per la decidibilità del secondo ordine di IC, si può dimostrare che questa posizione non offre un ambito in cui discutere l'impressione di cui sopra.* Analogamente la seconda posizione è del tutto indeguata: per quanto potrebbe benissimo darsi che il 'carattere differente' delle considerazioni in questione *corrisponda* all'indipendenza formale in qualche sistema assiomatico, sarebbero necessarie delle argomentazioni (per analizzare che cosa si intende con questa 'corrispondenza' e) per stabilirlo. Tale indeguatezza non sorprende poiché, come si è detto prima e come è ben noto, la posizione formalista di solito non *tenta* affatto di dare un'analisi della scelta dei sistemi.

[4] Gli specialisti di teoria dei modelli hanno fornito delle belle applicazioni della dimostrazione di coerenza di Gödel di *IC*, ottenendo risultati di decidibilità. Già nel 1963 Kripke mi parlò di un'applicazione della dimostrazione della coerenza di $\neg IC$ per ottenere degli insiemi non confrontabili rispetto ad ordinamenti parziali che soddisfano due condizioni: ogni insieme ha solo un'infinità numerabile di predecessori, e la relazione ha, per esempio, la forma Π^1_2. (Per ulteriori dettagli si veda, per esempio, il § 17, pp. 38-42 di [K5]).

[5] Si ricordino qui le famose dimostrazioni di impossibilità del secolo scorso dei problemi, vecchi di 2000 anni, della *duplicazione del cubo* e della *quadratura del cerchio* mediante costruzioni geometriche. I risultati non vennero certo interpretati nel senso che essi mostrano che non esiste un cubo di volume = 2, o che il cerchio di raggio uno non ha una lunghezza! C'è però una *differenza* significativa fra i due risultati di impossibilità o, equivalentemente, fra i *tipi* di costruzioni geometriche corrispondenti, e la differenza corrisponde al fatto che $\sqrt[3]{2}$ è algebrico e π no.

A questo punto mi fermo; noterò solo brevemente come la proposta precedente (formulare con precisione la natura di queste 'differenti considerazioni') si connetta con la Nota I. Innanzi tutto il fatto più notevole per chiunque abbia esperienza di teoria della dimostrazione è la stabilità che diversi concetti non formali di dimostrazione acquistano una volta fatte alcune distinzioni fondamentali. Certo, le nozioni non formali finora studiate sono soprattutto nozioni di dimostrazione *costruttiva*, che è improbabile possano svolgere un qualche ruolo in relazione a *IC*. Ma, per lo meno *prima facie*, non c'è ragione che non debba esistere anche una buona teoria dei differenti tipi di dimostrazioni *non costruttive*. In secondo luogo, in varie parti della matematica, per esempio nell'aritmetica, si verifica che, formalmente, un teorema è derivabile da principi noti di un dato linguaggio, ma una dimostrazione chiara usa un linguaggio esteso. Perciò non sembra irragionevole supporre che assiomi per noi evidenti e sufficienti per decidere *IC* debbano appartenere ad un linguaggio esteso (cfr. Nota I, § 2(c)). In terzo luogo, in relazione alla Nota I, § 2(b), è verissimo che la matematica ha ottenuto un notevole successo nell'analizzare differenti *tipi* di dimostrazioni in termini di generalità dei risultati. Per esempio, nella sua pubblicazione originaria Sturm mise in rilievo che la sua dimostrazione era di carattere algebrico e non faceva uso di considerazioni di continuità (a quel tempo dubbie). Si sottolinea oggi la generalità della sua dimostrazione: essa vale per tutti i corpi reali chiusi (e non solo per i corpi che soddisfano la condizione di Dedekind). Quando però ci si interessa particolarmente di questioni di *evidenza*, delle restrizioni sulle regole di inferenza possono fornire un'analisi migliore, come è noto dalla matematica intuizionista.[6]

3. *Igiene logica*. A quanto mi risulta, parecchie persone sono turbate dalle seguenti 'argomentazioni' sul significato delle dimostrazioni di indipendenza. (Questo disagio non sorprende visto che le idee assurde lasciano spesso senza fiato).

[6] R. Montague nel corso di una conversazione ha fatto la seguente osservazione. I modelli a valori booleani sono utili strumenti nelle dimostrazioni di indipendenza. Essi posseggono, inoltre, importanti caratteristiche delle nozioni intensionali, per esempio, di quelle modali e di quelle intuizioniste: non solo delle leggi molto generali (cfr. la nota 16 della Nota I) formulate nel calcolo dei predicati del primo ordine, ma anche leggi molto più sofisticate, come è stato mostrato da Scott. Naturamente, *per il momento* si tratta di una somiglianza *puramente* formale; ma vale la pena di studiare se *quei* modelli a valori booleani che vengono adoperati nelle dimostrazioni di indipendenza della teoria degli insiemi, possano essere *usati* in relazione al nostro problema. (Forse bisogna attendere ulteriori sviluppi del lavoro di Scott sui sistemi intuizionisti).

Argomentazione dell'impotenza. I risultati di indipendenza confermano la posizione formalista contro quella realista. (Il fatto che una posizione è *incapace* di decidere qualcosa la rende migliore).

Argomentazione dell'onnipotenza. *IC* è un'asserzione così 'semplice' e 'fondamentale': c'è qualcosa di radicalmente sbagliato se non si riesce a deciderla. (Esistono molti sottoinsiemi di ω, esistono molte applicazioni biunivoche da ω a segmenti iniziali degli ordinali; certamente non si *conosce* alcuna enumerazione dei sottoinsiemi di ω mediante gli ordinali, neppure nel senso lato di possedere una definizione in L_E. Perciò perché dovremmo aspettarci di *conoscere* la risposta a questa 'semplice' questione? cfr. la nota 14 della Nota I).

Argomentazione dell'eccezione. Si hanno degli assiomi che permettono di decidere la formula aritmetica originaria di Gödel, formalmente indecisa; non è così per *IC*: perciò i numeri sono OK e gli insiemi no. (La formula di Gödel è Π^0_1, o Σ^0_1 a seconda di come la si considera. In *questi* casi generalmente si ottiene una decisione da una dimostrazione di indipendenza formale, ed è qui che ci si ferma! Ciò non vale più per Δ^0_2).[7]

Argomentazione di pubblico consumo: ovvero la faccenda dell'*assioma delle parallele.*[8] Naturalmente esistono delle analogie. All'epoca in cui vennero scoperte le *dimostrazioni* di indipendenza, si era già convinti comunque dell'indipendenza (tranne che, nel caso dell'assioma delle parallele, la formulazione matematica dell'idea dell'indipendenza risolse

[7] In particolare più di 25 anni fa trovai una formula perfettamente naturale di tale forma (pubblicata poi in [K1]) che, si sa, è formalmente indecidibile nella teoria degli insiemi. Ma non si ha la minima idea se essa sia vera o falsa.

[8] Credo che questo paragone sia apparso a stampa per la prima volta in un quotidiano di San Francisco nel 1963, in seguito a una conferenza stampa, subito dopo la scoperta di Cohen. (In realtà credo che il pubblico sarebbe stato sufficientemente colpito dal paragone, secondo me meno dubbio, con i problemi delle costruzioni geometriche della nota 5.) Quasi cinque anni dopo, A. Robinson [Ro] ritorna su questo paragone, tra l'altro senza riflettere per un momento sui suoi punti deboli (come quelli citati appresso; sebbene nel frattempo ne fossero stati indicati parecchi). L'affermazione principale (p. 192) non è ben ponderata: "L'importanza fondamentale dell'avvento della geometria non euclidea consiste nel fatto che, contraddicendo l'assioma delle parallele, essa nega l'unicità dei concetti geometrici e quindi la loro realtà"; cfr. il testo appresso e la nota 10. *Digressione.* Per quelli tra noi che amano il peccatore anche se aborriscono il peccato, è interessante chiedersi che cosa si nasconde dietro le tattiche di Robinson. Non potrebbe essere il fatto che egli sia sotto l'influsso di un principio universale dell'indefinitezza dei concetti standard fondamentali, che lo induce a credere nell'*importanza filosofica* dei modelli non standard piuttosto che dei concetti standard? (come al solito trascurando allegramente che i suoi modelli non standard sono *definiti* in termini dell'insieme delle asserzioni vere nel modello *standard*).

un problema attuale). In un senso più tecnico, il modo più facile di definire un modello nel caso insolito, cioè nel caso dello spazio non-euclideo, e di $\neg$ *IC* rispettivamente, è di 'salire': salire ad uno spazio euclideo con un maggior numero di dimensioni, e ad un tipo superiore nella struttura dei tipi.[9] Inoltre i modelli di Klein e di Poincaré, usati nelle dimostrazioni di indipendenza dell'assioma delle parallele, sono di grande interesse in varie parti della matematica (per esempio nella teoria delle funzioni complesse); tali sono anche il modello *L* di Gödel (usato nella dimostrazione dell'indipendenza di $\neg$ *IC*) e parecchi modelli tipo Cohen. Cosa ancor più importante, tutti i modelli citati (quelli di Klein e di Poincaré, e quelli di Cohen) sono ovviamente *differenti* dalle nozioni principali: queste ultime sono abbastanza chiare per decidere almeno questo![10] Una *differenza* è già stata indicata alla fine della nota 2). Ma il vero *inganno* prodotto dal paragone fra le due dimostrazioni di indipendenza deriva da questo: *non furono le dimostrazioni matematiche di indipendenza dell'assioma delle parallele che condussero alle geometrie non-euclidee importanti per la fisica e perciò ben note, ma considerazioni completamente diverse*, per esempio le considerazioni di Riemann sulla natura della geometria, che precedettero le dimostrazioni di indipendenza formale dell'assioma delle parallele. In effetti la *decisione* fra l'assioma delle parallele e la sua negazione (per l'interpretazione fisica della geometria) costituisce, probabilmente, il contributo fondamentale in questo campo. Dunque il paragone cerca di trarre profitto da questo famoso lavoro geometrico, e nello stesso tempo nega che esista qualcosa di oggettivo da considerare nel caso della teoria degli insiemi!

La proposta di mettere in relazione i risultati di indipendenza forma-

---

[9] Se si adopera la gerarchia ramificata degli insiemi (gli insiemi costruibili di Gödel *L*), come nella dimostrazione originaria di Cohen, il procedimento naturale consiste nel partire da un modello L_α della teoria degli insiemi, definendo gli insiemi generici necessari in qualche L_β, per β un livello *superiore* ad α. Se si adoperano modelli a valori booleani, la realizzazione dei 'numeri reali' è costituita da *funzioni* dei numeri reali, che sono *superiori* di un tipo ai numeri reali. In realtà il paragone può essere un pochino più tecnico! Non esiste un modello interno di $ZF \cup \{\neg IC\}$ in *ZF* (che preservi $\in$), e non esiste un modello interno degli assiomi della geometria non euclidea nel piano euclideo (che preservi la collinearità).

[10] Si potrebbe adoperare ciò (se necessario) per sbarazzarsi di affermazioni come quella della nota 8 precedente, secondo cui le dimostrazioni di indipendenza mostrano che le nozioni intuitive considerate sono indefinite. Ma a questo punto è molto più illuminante ricordare *degli esempi che davvero dimostrano che si è trascurato qualcosa*, che la propria 'nozione' principale era errata. (Si può essere onesti in queste cose!) Per esempio, si può aver parlato dell'ordinamento di un dato corpo, compatibilmente con le operazioni dei corpi, pensando che ce ne fosse solo uno, mentre salta fuori un esempio che mostra che ne esistono molti.

le della teoria degli insiemi con genuine differenze di *tipi* di evidenza è *un* tentativo di usare questi risultati per uno scopo oggettivamente significativo. Il lettore noterà che, in matematica pura, si sono fatte significative distinzioni *fra* considerazioni matematiche, per esempio fra le dimostrazioni classiche e le dimostrazioni aritmetiche in geometria [SD]. Ora bisogna ammettere che, se IC e $\neg IC$, rispettivamente, vanno distinte da altri assiomi della teoria degli insiemi in base al *tipo* di considerazioni necessarie per deciderle, la rudimentalità delle discussioni attuali non è certo sorprendente. Infatti sebbene gli studi sui fondamenti abbiano compiuto notevoli progressi nell'analisi precisa delle nozioni, l'analisi delle *ragioni* ha avuto molto meno successo; e quel che si *è* fatto è poco noto.

BIBLIOGRAFIA

[B] P. Bernays, What do some recent results in set theory suggest? pp. 109-112 in: *Problems in the philosophy of mathematics*, a cura di I. Lakatos, North-Holland Publ. Co., Amsterdam, 1967; trad. it. in questa antologia, pp. 49-52.

[C] P. J. Cohen, Independence results in set theory, pp. 39-54 in: *The theory of models*, North-Holland Publ. Co., Amsterdam, 1965.

[EV] A. S. Esénine-Volpine, Le programme ultra-intuitionniste des fondements des mathématiques, pp. 201-223 in: *Infinitistic methods*, Pergamon Press, Oxford, 1961.

[F] S. Feferman, Systems of predicative analysis, JSL 29 (1964), pp. 1-30.

[G1] K. Gödel, What is Cantor's continuum problem, pp. 258-273 in: *Philosophy of mathematics*, a cura di P. Benacerraf e H. Putnam, Prentice Hall, Englewood Cliffs, N. J., 1964; trad. it. in *La filosofia della matematica*, a cura di C. Cellucci, Laterza, Bari, 1967, pp. 113-136.

[G2] —, Remarks on problems in mathematics, pp. 84-88 in: *The Undecidable*, a cura di M. Davis, Raven Press, NY, 1965; trad. it. in *La filosofia della matematica*, a cura di C. Cellucci, Laterza, Bari, 1967, pp. 137-141.

[J] R. B. Jensen, *Modelle der Mengenlehre*, Lecture Notes in Mathematics 37, Springer, Berlin, 1967.

[K1] G. Kreisel, Note on arithmetic models for consistent formulae of the predicate calculus, *FM* 37 (1950), pp. 265-285.

[K2] —, Mathematical Logic, pp. 95-195 in: *Lectures on modern mathematics*, vol. III, a cura di T. L. Saaty, Wiley, New York, 1965.

[K3] —, Informal rigour and completeness proofs, pp. 138-171 in: *Problems in the philosophy of mathematics*, a cura di I. Lakatos, North-Holland Publ. Co., Amsterdam, 1967; trad. it. in questa antologia, pp. 59-93.

[K4] —, A survey of proof theory, *JSL* 33 (1968), pp. 321-388.

[K5] —, The formalist-positivist doctrine of mathematical precision in the light of experience, *L'age de la science*, 3 (1970), pp. 17-46.

[KK] G. Kreisel e J. L. Krivine, *Elements of mathematical logic: theory of models*, North-Holland Publ. Co., Amsterdam, 1967.

[Kri] S. Kripke, Semantical analysis of intuitionistic logic I, pp. 92-130 in: *Formal systems and recursive functions*, a cura di J. N. Crossley e M. A. A. Dummett, North-Holland Publ. Co., Amsterdam, 1965.

[Kru] A. H. Kruse, Some notions of random sequence and their set-theoretic foundations, *Zeitschrift f. Math. Logik und Grundlagen der Mathematik*, 13 (1967), pp. 299-322.

[L] A. Levy, Principles of reflection in axiomatic set theory, *FM* 49 (1960), pp. 1-10.

[MST] R. Montague, D. S. Scott, e A. Tarski, *An axiomatic approach to set theory*, North-Holland Publ. Co., Amsterdam (in corso di pubblicazione).

[Ro] A. Robinson, Some thoughts on the history of mathematics, *Compositio*, 20 (1968) pp. 188-193.

[Ru] B. Russell, *The principles of mathematics*, Cambridge University Press, Cambridge, 1903; trad. it. Longanesi, Milano, 1963.

[Sc] K. Schütte, Predicative well orderings, pp. 279-302 in: *Formal systems and recursive functions*, a cura di J. N. Crossley e M. A. A. Dummett, North-Holland Publ. Co., Amsterdam, 1965.

[So1] R. Solovay, New proof of a theorem of Gaifman and Hales, *Bull. A. M. S.*, 72 (1966), p. 282.

[So2] —, A non-constructible Δ^1_3 - set of integers, *Trans. A. M. S.*, 127 (1967), pp. 50-75.

[SD] P. Swinnerton-Dyer, The Conjectures of Birch and Swinnerton-Dyer, and of Tate, pp. 132-157 in: *Proc. Conference on Local Fields*, Springer, Berlin, 1967.

[VH] J. van Heijenoort, *From Frege to Gödel*, Harvard University Press, Cambridge, Mass., 1967.

[Z1] E. Zermelo, Untersuchungen über die Grundlagen der Mengenlehre I, *Math. Annalen*, 65 (1908), pp. 261-281.

[Z2] —, Über Grenzzahlen und Mengenbereiche, *FM* 16 (1930), pp. 29-47; trad. it. in questa antologia, pp. 177-195.

JOSEPH S. ULLIAN

C'è una teoria degli insiemi vera?

Il titolo di questo articolo deriva dal recente simposio a cui è stato letto. È un tentativo di rispondere all'interrogativo posto nel titolo tenendo conto delle ricerche attuali sulla teoria degli insiemi. A tale scopo l'articolo pone a confronto la teoria degli insiemi con l'aritmetica, esamina un tipo estremo di realismo insiemistico, prospettato da un passo di Gödel, ed indica come considerare i risultati relativi alle estensioni rivali della teoria degli insiemi di Zermelo-Fraenkel dal punto di vista della logica del primo ordine. In alcune parti dell'articolo si può avvertire una predilezione formalista.

Una volta, dopo che avevo parlato su una questione di teoria degli automi, un insiemista mi chiese di spiegargli in breve i motivi per studiare quell'argomento. Risposi come meglio potei, citando alcune applicazioni e riferendomi a strutture in quel campo che sembrano presentare problemi matematici di per sé interessanti e stimolanti. Non mi parve particolarmente soddisfatto per cui, ricordandomi che era un insiemista, gli chiesi di fornirmi dei motivi per studiare la teoria degli insiemi. Non ho dimenticato né la gravità con cui mi rispose né la risposta: "La teoria degli insiemi indaga la natura ultima della realtà".

Perciò, nonostante Tarski, l'interrogativo posto dal simposio rischia di condurci alla metafisica. Quanto meno, esso rischia di far proliferare quelle misteriose presenze di 'è' e 'sono' che richiedono l'uso del corsivo. Ma, anche a rischio di lasciarvi trarre conclusioni esclusivamente vostre dalle mie osservazioni, cercherò, per quanto possibile, di star

[1] Questo è il testo di un articolo letto al simposio della Association for Symbolic Logic e della American Philosophical Association il 27 dicembre 1967, a Boston. L'articolo ha lo stesso titolo del simposio. Gli altri relatori del simposio erano Donald A. Martin e Saul A. Kripke. Sono molto grato a B. S. Dreben, H. Putnam e W. V. Quine, ciascuno dei quali è stato per me una ricca e generosa fonte di ispirazione e di stimolo. Con ciò non voglio accusare alcuno di loro di simpatie verso la mia posizione.

lontano dalla metafisica. Questo compito potrebbe apparire piú facile se il titolo, al posto di 'vera', contenesse un termine come 'adeguata', 'accettabile' o 'ragionevole'. Ma anche in questi casi rimarrebbe da stabilire fino a che punto il problema della verità possa considerarsi piú fondamentale di quegli altri, apparentemente minori.

Mi chiedo, tra l'altro, quanti di voi avvertano l'ambiguità che io avverto nell'espressione "C'è una teoria degli insiemi vera?". La mia ipotesi è che avvertire quest'ambiguità e inclinare al formalismo sono fenomeni strettamente collegati, benché piuttosto rari. L'interpretazione che ho in mente, ovviamente diversa da quella prevista, consiste nel considerare l'espressione 'teoria degli insiemi' come un termine generale e non specifico. Da questo punto di vista, il titolo si chiede addirittura se esistano enunciati insiemistici veri.

Naturalmente l'intenzione del titolo è di chiedersi se esista o meno *una* teoria degli insiemi vera. Per i nostri scopi una teoria degli insiemi può essere considerata come una teoria del primo ordine con identità (sebbene si possa fare a meno dell'identità come bagaglio iniziale) il cui unico primitivo non logico è il predicato a due posti epsilon. Ora la verità, per tale teoria, dipende dall'interpretazione del suo primitivo. La verità rispetto a un'interpretazione è chiara, o poco chiara, nella misura in cui lo è l'interpretazione. Perciò, se si dice che epsilon va interpretata come 'la relazione di appartenenza', allora la nozione di verità insiemistica risulta comprensibile, o poco comprensibile, nella misura in cui lo è l'appartenenza. Per coloro che riducono il significato dell'appartenenza agli assiomi che la governano nell'ambito di una data teoria, la verità insiemistica non è altro che la dimostrabilità in quella teoria.

Quali condizioni deve soddisfare una teoria degli insiemi per essere considerata vera? La condizione minima sarebbe che tutti i suoi teoremi fossero veri; ma si tratta di una condizione di per sé chiaramente troppo debole. Chiedere una *fisica vera* significa cercare una teoria fisica che dia una spiegazione corretta delle questioni principali che si vuole rientrino nell'ambito della fisica: il fatto che non dica altro che verità non la qualifica come una fisica vera, ma solo come un frammento vero della fisica. Il requisito minimo che imponiamo a una teoria degli insiemi è che fornisca una base per l'aritmetica e per una teoria dei numeri reali accettabile. Ora, per dire che una teoria X è vera l'ideale sarebbe che i teoremi della teoria costituissero tutte le verità esprimibili nel suo linguaggio ed esse soltanto, cioè che la teoria X fosse corretta e completa. In vista del nostro requisito riguardante l'aritmetica dovremo accontentarci di molto meno nel caso della teoria degli insiemi. Di conseguenza, ciò che esigiamo da una teoria degli insiemi vera è in qualche modo una via di mezzo tra il requisito che sia abbastanza potente da consentire una fondazione delle varie parti della matematica e la condizione limite insoddisfacibile che essa dica 'tutta la verità' sugli insiemi.

A coloro che assumono una posizione pragmatica sembra sufficiente la condizione piú debole. Secondo loro possono esserci molte teorie degli insiemi vere, tante quante sono adeguate alle necessità dei fondamenti (e forse alle necessità di altre scienze). Da questo punto di vista, delle teorie degli insiemi contrastanti, considerate nel loro complesso, potrebbero avanzare uguali pretese di adeguatezza, e quindi, forse, di verità. Penso che si potrebbe accettare questa posizione come molto ragionevole. Tuttavia quel che piú ci interessa ora è di esaminare il problema dal punto di vista di chi impone requisiti maggiori a una teoria degli insiemi vera. Vogliamo vedere dove ci conduce la posizione secondo cui ogni singolo enunciato della teoria degli insiemi può essere considerato come un candidato alla verità.

Da questo punto di vista, teorie degli insiemi vere debbono essere almeno coerenti fra loro. Un ulteriore forte requisito sarebbe il seguente: se T è una teoria degli insiemi vera in cui l'enunciato φ è indecidibile, allora o $T + \varphi$ o $T + \sim \varphi$ è una teoria vera.[2] Si tratta di un requisito forte perché non lascia alcun grado di libertà. Si potrebbe ritenere che esistano enunciati il cui valore di verità *deve* essere lasciato indeterminato dalla teoria degli insiemi, cosí come l'algebra di Boole lascia indeterminati enunciati che asseriscono che una data algebra di Boole possiede degli atomi. Per esempio, si potrebbe sostenere che nella teoria degli insiemi l'assioma di scelta non deve essere né dimostrabile né refutabile. Una tale posizione può presentare dei problemi per quanto riguarda la genuinità dell'interpretazione di epsilon, ma è pur sempre una posizione possibile. Tuttavia, ammesso che essa ponga dei requisiti interessanti, questi non potranno consistere che nel fatto che sia soddisfatta una condizione del tipo: esiste una classe *ricca* Γ di enunciati tale che, se T è una teoria degli insiemi vera che lascia indeciso $\varphi \in \Gamma$, allora o $T + \varphi$ o $T + \sim \varphi$ è una teoria degli insiemi vera. Per classe 'ricca' si intende qui che: (i) i suoi enunciati sono indecidibili nella teoria degli insiemi di Zermelo-Fraenkel (ZF); (ii) essi sono 'variati', per cui, in particolare, non sono una semplice successione di enunciati ciascuno dei quali raccomanda l'accettabilità di quello successivo; (iii) un numero finito di decisioni su di essi non è sufficiente a deciderli tutti; e (iv) gli enunciati della classe riguardano questioni interessanti, come forse l'ipotesi del continuo, i cardinali misurabili e la determinatezza. Naturalmente tutto ciò è ancora molto vago. Ma certo chiunque pensa che

[2] '$T + \varphi$' sta ad indicare la teoria che si ottiene aggiungendo φ agli assiomi di T.

esiste una teoria degli insiemi vera e che ZF è solo una piccola parte di essa deve accettare questa condizione o almeno qualcosa di simile.

Vale la pena di fare due osservazioni. In primo luogo, nulla di quanto ho detto intende escludere la possibilità che esista una teoria degli insiemi vera massimale. Ovviamente un'idea del genere è contro lo spirito delle tendenze attuali. In secondo luogo, in questo articolo penso soprattutto in termini di estensioni di ZF, poiché è in termini di tale teoria degli insiemi che è stata sviluppata la maggior parte del lavoro recente. Si spera che tutto quel che dico qui sia applicabile anche a teorie degli insiemi di aspetto molto diverso da ZF. Se alcune di queste differiscono da ZF in modo così essenziale da non trattare neppure dello stesso argomento, allora si può interpretare il nostro interrogativo come limitato al problema della verità di teorie degli insiemi che trattano dello stesso argomento di ZF. E certamente qui non intendo affatto escludere che una nuova fondazione della matematica, per esempio basata sulle categorie, dia luogo a una teoria completamente nuova che si possa tuttavia voler ancora chiamare una teoria degli insiemi.

Idealmente ciò che occorre per definire accuratamente l'idea di verità insiemistica è un principio chiaro che determini perlomeno il valore di verità di tutti gli enunciati di una classe ricca del tipo di Γ. Alcuni credono che considerare epsilon come l'appartenenza fornisca un tale chiaro principio, ma per molti ciò non è sufficiente. Si pensi all'aritmetica. Si *può* formulare un principio che determina il valore di verità di ogni enunciato aritmetico, e lo determina nel modo che è comunemente accettato come quello corretto. Basta prendere gli assiomi di Peano e sostituire l'assioma di induzione con la regola di ω-completezza: gli enunciati cosí ottenuti sono presumibilmente tutti quelli voluti, ed essi soltanto. Se ci si pone un compito minore, cioè quello di caratterizzare aritmetiche *corrette*, si possono citare i criteri sintattici (studiati da Rogers) della coerenza, della ω-coerenza e dalla n-ω-coerenza, per ogni n.[3] Ora, nel caso della teoria degli insiemi non pare che esistano principi altrettanto chiari per realizzare neppure questo compito minore, cioè dei criteri che determinino se una teoria degli insiemi genera solo verità. Secondo me questo rende fantomatica la nozione di verità insiemistica.

Ora, si può avanzare subito un'obiezione contro i principi sopra menzionati in relazione all'aritmetica. L'ω-completezza, l'ω-coerenza

[3] La n-ω-coerenza è una generalizzazione della ω-coerenza, concernente formule prenesse il cui prefisso consiste di $2n - 1$ quantificatori alterni, col quantificatore esistenziale prima.

ecc., sembrano fondarsi a loro volta sulla nozione di successione dei numeri naturali. Perciò si può osservare che, se non si possiede fin dall'inizio una chiara comprensione di tale successione, non si possono neppure capire quei criteri. Non sono convinto che si tratti di un'obiezione decisiva. Secondo me i criteri in questione sono chiari, quale che sia il loro fondamento. In particolare essi possono essere formulati con precisione in un ragionevole metalinguaggio. Possiamo comunque dire questo: la nozione di verità aritmetica è chiara quanto la nozione di ω-completezza, e questo è certamente piú di quanto si possa dire della teoria degli insiemi.

Fissare la verità non richiede che si fissi un modello; ed è una fortuna, dato che non ci si può aspettare che esistano teorie categoriche né nel caso dell'aritmetica né in quello della teoria degli insiemi. Tuttavia possiamo fermarci a considerare i vari modelli quando ci si presentano. Infatti se ne accettiamo uno come il modello voluto, abbiamo una nozione di verità altrettanto chiara della nostra nozione del modello. Ora se il compito di coloro che lavorano sulla teoria degli insiemi fosse, per cosí dire, quello di fissare gli enunciati veri della loro scienza, ci si potrebbe attendere che adottassero qualche modello facilmente caratterizzabile e privo degli ovvi difetti, e che lo definissero come quello 'giusto'. Limitarsi a considerare *modelli naturali* potrebbe essere inteso come un primo passo in questa direzione. In effetti esiste un modello minimale ben fondato di ZF, e per di più si tratta di un modello numerabile il che, se il nostro scopo fosse quello della chiarezza e della facilità di comprensione, sembrerebbe deporre a suo favore. In esso l'universo è costituito dagli insiemi costruibili, cioè "$V = L$" è vero. Ora, "$V = L$" è molto potente, nel senso che decide la maggior parte di quelli che sono comunemente considerati problemi aperti; in altri termini decide la maggior parte dei più popolari candidati alla qualifica di assiomi in estensioni di ZF. Data ZF, esso implica l'ipotesi generalizzata del continuo, l'assioma di scelta e la negazione dell'assioma di determinatezza e dell'esistenza di cardinali misurabili. Apparentemente esso lascia aperta la questione dell'esistenza di cardinali inaccessibili, o perlomeno non implica tale esistenza. Considerato a sua volta come un aspirante assioma, "$V = L$" costituisce un assioma molto restrittivo che ci fornisce un piccolo universo insiemistico.

Sebbene l'esistenza di un modello minimale sia certamente interessante per gli insiemisti, nessuno di loro accetterebbe che quest'ultimo determini che cosa è la verità insiemistica. Quanto a "$V = L$", quasi tutti gli insiemisti lo respingono come assioma. È opinione unanime che assiomi restrittivi *non* sono ciò che si desidera; a parità di condizioni (tra cui in primo luogo la coerenza) gli insiemisti sembrano preferire un universo quanto più *grande* è possibile. In particolare essi non accettano di "tagliar fuori i grandi cardinali." Effettivamente c'è attualmente interesse per un altro assioma (o aspirante assioma) restrittivo, "$V = DO$" (o "$V = EDO$"), suggerito dall'esame dei principi di riflessione.[4] Si tratta però di un assioma che è abbastanza più debole di "$V = L$", tanto che esso non esclude l'esistenza di cardinali misurabili (in base a un risultato recente di McAloon). Si può immaginare che se esistesse un modello *massimale* della teoria degli insiemi, esso potrebbe riuscire accettabile agli insiemisti; ma, naturalmente, tale modello non esiste. Perciò vediamo oggi che la teoria degli insiemi guarda verso l'alto, verso cardinali sempre più grandi, nonostante si sappia che la loro non esistenza è coerente con ZF, mentre la loro esistenza non lo è.[5] Perché?

La risposta va ricercata nel fatto che molti insiemisti ritengono di studiare oggetti *reali*.[6] Con Cantor essi concepiscono gli insiemi come collezioni in un tutto unico, di oggetti ben distinti della percezione o del pensiero; e concepiscono tali collezioni a loro volta come ben distinte, dando così origine a un processo iterativo caratteristico della teoria degli insiemi. Il germogliare di cardinali mastodontici va attribuito a un qualche tipo di intuizione matematica; ed è in gran misura a questa intuizione e a ciò che essa produce che l'insiemista guarda per riuscire a determinare le 'ipotesi' non decise della teoria degli insiemi.

Un passo di Gödel fornisce una formulazione di questa posizione:

> "Nonostante la loro distanza dall'esperienza sensoriale, abbiamo in qualche modo una percezione anche degli oggetti della teoria degli insiemi, come appare dal fatto che gli assiomi ci impongono la loro verità. Non c'è motivo per avere meno fiducia in questo tipo di percezione, cioè nell'intuizione matematica, che nelle percezioni sensoriali che ci inducono a costruire le teorie fisiche, ad attenderci che le percezioni sensoriali future concorderanno con esse, e inoltre a credere che una questione non decidibile ora abbia senso e possa essere decisa in futuro. I paradossi della teoria degli insiemi difficilmente possono essere considerati più imbarazzanti per la matematica di quanto non lo siano le illusioni dei sensi per la fisica. Come si è

[4] 'DO' e 'EDO' denotano, rispettivamente, gli insiemi definibili in termini di ordinali e gli insiemi ereditariamente definibili in termini di ordinali.

[5] Si sa, in effetti, che non *possono* esistere dimostrazioni di coerenza di molte estensioni di ZF che assicurano l'esistenza di grandi cardinali.

[6] Le reazioni a questo articolo indicano che ho forse sopravvalutato la proporzione dei membri della comunità insiemistica che aderiscono a tale rigido realismo. Ma anche se è così, ciò non pregiudica affatto quel che voglio dire.

già osservato, è senz'altro possibile che si possano dare nuove intuizioni matematiche che consentano di decidere problemi del tipo dell'ipotesi del continuo di Cantor".[7]

Come è noto, Gödel qui non parla dell'intuizionismo. Il suo platonismo si basa sulle intuizioni, ma non si tratta delle intuizioni degli intuizionisti.[8] Nemmeno io parlerò in seguito dell'intuizionismo, sebbene ritenga che tutto quel che dirò vale tanto per tale posizione quanto per quella 'classica'. Forse è corretto dire che ad un formalista il platonismo e l'intuizionismo matematico, come sono comunemente formulati, appaiono molto più vicini fra loro di quanto non lo siano alla sua posizione.

Ora, è implicito in posizioni come quella di Gödel ritenere che intuizioni e concezioni possano sottrarsi a una formalizzazione completa. Si presume che esista un concetto di insieme, connesso con una nozione di processo iterativo, che "ci impone gli assiomi", ma che non viene necessariamente esaurito dagli assiomi. Certo si può dire che, già nel caso dell'aritmetica, la formalizzazione manca lo scopo, o perché deve fermarsi di fronte a teorie incomplete, oppure perché ci lascia con modelli non standard. (Questo secondo fatto è il più importante, dal momento che anche l'insieme delle verità aritmetiche ha modelli non standard). Ma si è già visto che l'aritmetica, per quanto non formalizzabile completamente come una teoria del primo ordine, permette almeno di enunciare chiaramente che cosa va accettato come vero. Ciò è più di quanto si possa dire della teoria degli insiemi. Chi considera la chiarezza come una delle più alte virtù intellettuali, si trova a disagio di fronte a concezioni che si sottraggono ad una chiara articolazione. In campi diversi dalla matematica siamo pronti ad accettare la massima secondo cui le idee che non possono essere espresse con chiarezza hanno tutti i numeri per essere abbandonate. Perché questa massima non vale per la matematica?

Si può rispondere che vale, ma ciò non significa che si debba raggiungere ad un certo punto una completa esprimibilità. Si può sostenere che le nuove intuizioni della teoria degli insiemi, i nuovi assiomi che si impongono da sé, vanno intesi come un'ulteriore articolazione della concezione che ci ha imposto ZF. Anche se non fosse possibile raggiungere un'articolazione completa, potrebbe darsi comunque che qualsiasi aspetto fissato della concezione risulti articolabile prima o poi. Probabilmente un'idea del genere è alla base della concezione secondo cui

[7] [2], p. 271. L'articolo di Gödel apparve per la prima volta nel 1947.
[8] Quest'ultima è una frase che ho sentito usare da Quine.

la teoria degli insiemi è per sua natura destinata a svilupparsi, svilupparsi nel tempo verso il suo fine ideale.

Tale fine ideale è, per gli insiemisti, quello della verità completa, la verità completa sugli insiemi, dove gli insiemi sono considerati come oggetti reali e le verità su di essi come genuine e per nulla arbitrarie. Potrebbe sembrare una grossa pretesa voler far scaturire tutto questo dall'intuizione, l'intuizione essendo quello che è. Se si fa notare che l'intuizione, lasciata a sé stessa, diede luogo ai paradossi della teoria degli insiemi, l'insiemista d'oggi probabilmente farà notare che non è stata la *sua* concezione, la concezione basata sul processo iterativo, a farlo; in effetti egli probabilmente sottolineerà che la propria concezione e il suo graduale sviluppo non hanno dato luogo ad alcuna contraddizione.

In generale è molto facile mostrarsi scettici nei confronti di intuizioni che non ci appartengono. Oggi non sappiamo cosa farcene di sistemi teologici che possono essere parsi comprovati dal pensiero in un'epoca precedente, ed essere apparsi tali a molti. Ma anche se ammettessimo che non c'è nulla di *sbagliato* nelle intuizioni degli insiemisti, perché dovremmo considerarle come una fonte di *verità?*

Una risposta potrebbe essere che ciò di cui si vuol scoprire la verità è di tipo particolare. Nonostante le loro applicazioni, i numeri interi e i numeri reali possono essere intesi come oggetti ideali, ideali nel senso di creati dalla mente. Mille scuse a Kronecker, s'intende. Come l'insieme vuoto può essere considerato un parto dell'ingegno, così può esserlo il numero zero, il che rende la loro identificazione insiemistica tanto più attraente. Da questo punto di vista non c'è da meravigliarsi che l'intuizione sia un'alta corte di giudizio insiemistico. Laddove si sono trovate applicazioni di parti non banali della teoria degli insiemi, si è trattato di applicazioni ad altre branche della matematica; e si può dire che gli oggetti di queste altre branche debbono i loro diritti alla stessa alta corte.

Con ciò non voglio dire di essere a favore di tale risposta, tutt'altro. Ma penso che si tratti di una risposta coerente con l'idea che la maggior parte degli insiemisti ha della teoria degli insiemi, e credo che in effetti sia la migliore risposta disponibile a chi sostiene quella posizione. Forse, però, non è una risposta sufficiente. Devo fare a questo punto un'osservazione 'ontologica' ed un'osservazione pratica. Anche ammettendo l'esistenza di un'unica intuizione insiemistica, comune a molti o anche a tutti, da questo ad affermare che l'esame di tale intuizione ci rivela qualcosa di diverso da quello che era già nella nostra testa ci corre molto. Sebbene ciò non vada inteso come un'obiezione al punto di vista in questione, ho il sospetto che incontrerebbe l'opposizione di molti insiemisti. Si sottolinea talvolta che i vari 'oggetti' di studio matematico sarebbero 'esistiti' comunque, indipendentemente dal fatto che fossero stati o meno pensati. Non voglio contestare questo punto di vista, spero solo che chi lo sostiene non faccia discriminazioni nei confronti di 'oggetti', di intuizioni che in realtà non abbiamo. Io sono per l'uniformità; e per la chiarezza. Se si identifica la pensabilità con la realtà, che lo si ammetta. Almeno, la tendenza alla ricerca di cardinali sempre più grandi, piuttosto che alla loro esclusione, collima con tale liberalità.

Passiamo ora all'osservazione pratica. Le intuizioni possono sbagliarsi, come non accade quasi mai per le idee chiaramente articolate. Ciò vale sia in matematica che altrove: la formalizzazione significa progresso. Le intuizioni sono senza dubbio importanti in matematica. L'averle può suggerirci nuove teorie matematiche e aiutarci a svilupparle. Molti di noi riuscirebbero a far ben poca matematica senza intuizioni o modelli mentali di vari tipi. Laddove la teoria corrisponde all'intuizione, ne traiamo profitto, poiché essa può essere facilmente capita e sviluppata. Laddove la teoria non corrisponde ad intuizioni già disponibili, ne sviluppiamo di nuove, come nel caso delle geometrie non-euclidee. Ma un conto è servirsi dell'intuizione, e un altro è permetterle di darci degli ordini. Chiarire ciò che ci sembra di trovare nel pensiero può essere o meno il modo più fruttuoso di costruire una teoria, dati i molti criteri di fruttuosità esistenti. In particolare si può supporre che una teoria sia tanto più fruttuosa quanto più chiaramente la si sa articolare.

Poiché, per quel che ne sappiamo, un esame completo dell'intuizione insiemistica potrebbe lasciare indecisi alcuni enunciati insiemistici, non bisogna intendere necessariamente come una conseguenza della posizione qui discussa che tutti questi enunciati siano determinati quanto a valore di verità. In base ai requisiti sulle teorie degli insiemi vere indicati in precedenza, ciò non costituisce necessariamente un impedimento all'esistenza di teorie degli insiemi vere. Quel che potrebbe costituire un impedimento, sarebbe una biforcazione dell'intuizione per cui due gruppi di insiemisti si vedessero imposti assiomi contrastanti tra loro da quello che ritenevano fosse il loro comune concetto di insieme. È abbastanza ovvio che cosa accadrebbe in tal caso: finché continuassero a sostenere posizioni contrastanti, si riterrebbero in errore a vicenda. Ma ciò indica la possibilità che si abbiano in futuro ramificazioni della teoria degli insiemi, anche nel caso di questioni ritenute importanti. C'è persino da aspettarselo dato che i principi che potrebbero sanzionare sviluppi al di là di ZF hanno resistito ad una chiara formulazione.

Bisogna riconoscere che anche il più accanito formalista può scoprirsi incline a supporre che un enunciato appena trovato debba essere solubile in un senso o nell'altro, anche se si sospetta che esso sia indipendente da ZF. L''assioma di determinatezza' costituisce un ottimo esempio. Ma questa sua inclinazione si dissolve quando si renda conto che tale 'assioma' dipende da quali insiemi di reali 'esistono'. Dopo tutto quest'ultimo è un problema che presenta già un alto livello di confusione per chi preferisce derivare le intuizioni dagli assiomi piuttosto che viceversa. Persino alcuni problemi sui reali talvolta sono oscuri rispetto a ZF giacché, come ha fatto rilevare Cohen ([1], p. 151), l'ipotesi del continuo può esser formulata sotto forma di un enunciato riguardante i soli reali, senza per questo chiamare in causa gli insiemi.

Ora, alcuni di noi ritengono che le teorie assiomatizzate costituiscono per la matematica dei punti d'appoggio molto più solidi delle intuizioni interne. Certo, ciò non vuol dire che respingiamo le intuizioni quando le abbiamo e sappiamo renderle chiare. Il guaio è che le intuizioni spesso non si prestano ad essere precisate fino al punto da raggiungere un ragionevole grado di chiarezza. Ciò vale anche per quelle che sembrano accendere in noi una lampadina interna. Quanto alle intuizioni insiemistiche, confesso che non mi è mai stato particolarmente chiaro che cosa sia la relazione d'appartenenza. Mi riesce abbastanza facile capire come essa funzioni nel caso degli insiemi finiti e di alcuni insiemi infiniti. Perciò posseggo forse un frammento del concetto di insieme. Non vedo, però, alcun motivo di supporre che debba esistere un unico modo privilegiato di estendere questo mio piccolo concetto; e anche supponendo il contrario ci sarebbe da chiedersi, per i motivi già indicati, perché tale estensione dovrebbe condurre a qualcosa che si possa chiamare la verità sugli insiemi.

Non capisco, tuttavia, perché ciò dovrebbe tarparmi le ali nella comcomprensione della teoria degli insiemi. Dopo tutto, visto che una teoria degli insiemi può essere (ed è stata qui) considerata come una teoria del primo ordine, che cosa sia dimostrabile in essa è semplicemente una questione di validità quantificazionale. Ciò è particolarmente evidente in *Set Theory and Its Logic* di Quine ([4]), dove molti enunciati che avrebbero potuto risultare derivabili se gli assiomi fossero stati più liberali sono relegati alla posizione di antecedenti di condizionali. Inoltre lo sviluppo della tecnica delle classi virtuali mostra quanta parte della 'teoria degli insiemi' non vada affatto considerata come tale. Intesa come una teoria del primo ordine, una teoria degli insiemi (o perlomeno una teoria degli insiemi che sia adeguata per l'aritmetica) può essere considerata come una teoria che lascia *indeterminato* che cos'è la relazione d'appartenenza e, a maggior ragione, che è insufficiente per determinare quali enunciati esprimono verità quando gli assiomi esprimono verità. Appropriandomi di un esempio del 1922 di Skolem, l'indecidibilità dell'ipotesi del continuo, data ZF, è dello stesso tipo dell'indecidibilità della questione se 2 ha una radice quadrata, dati gli assiomi dei corpi commutativi (cfr. [5], nota a p. 171). E naturalmente non solo la proprietà d'essere un teorema, ma anche la coerenza e l'indipendenza, dipendono da questioni di validità quantificazionale. Dati gli assiomi di una teoria del primo ordine, una dimostrazione di coerenza si riduce alla dimostrazione della non validità di ogni membro di una famiglia di condizionali. Certo, le *dimostrazioni* di non validità non sono necessariamente quantificazionali, ma non sono neppure necessariamente più che aritmetiche.

Un'immagine della teoria degli insiemi che trovo attraente è quella che è stata chiamata da Putnam la 'teoria del se-allora' di Russell. Come la teoria dei gruppi è la teoria di gruppi, così la teoria degli insiemi è per me la teoria degli universi. O, più precisamente, una teoria degli insiemi T è la teoria dei T-universi. Si può considerare un T-universo tutto ciò che soddisfa gli assiomi di T, proprio come un gruppo è tutto ciò che soddisfa gli assiomi dei gruppi. I teoremi di T stabiliscono che cosa sarebbe vero in ciò che fosse un T-universo; il controfattuale in questo caso non è pericoloso perché può essere spiegato in termini di validità quantificazionale. La dimostrazione della coerenza di un enunciato φ con T mostra che un T-universo potrebbe soddisfare φ; la dimostrazione della sua indipendenza aggiunge che qualche T-universo potrebbe anche non soddisfarlo.

Naturalmente questa immagine non apre nuove vie all'indagine, ma neppure ne chiude: dopotutto si tratta solo di un'immagine. Essa non vuole stabilire quali teorie degli insiemi meritino d'essere studiate: è solo un modo uniforme di rappresentare l'informazione sullo 'status' di enunciati delle teorie degli insiemi. A seconda dei gusti la si può considerare come indiscriminata o come liberale. Essa tratta alla stessa stregua teorie in cui l'assioma dell'insieme potenza è dimostrabile e teorie in cui non lo è. Ma questa flessibilità non è necessariamente un difetto: Scott e Solovay hanno studiato di recente teorie degli insiemi in cui essi sospettano che possa non valere l'assioma dell'insieme potenza.

L'immagine ha una caratteristica che può risultare salutare: ci permette di non parlare di 'esistenza'. La teoria degli ZF-universi, per esempio, non richiede più impegni ontologici di quanti non ne implichi la teoria dei gruppi. Tra parentesi, ci chiediamo se la teoria dei gruppi è *vera*? Tale teoria viene considerata esemplare sia dal punto di vista matematico che in termini di applicazioni. Si tratta di una teoria che approviamo: non è un problema se accettarla o meno, se non nel senso della questione puramente matematica se i suoi teoremi siano stati derivati correttamente. Se esiste una teoria degli insiemi che approviamo, perché non considerarla nello stesso modo?

Quanto alle questioni ontologiche, non mi attirano molto, sebbene continui ad avere sempre nuove prove del fatto che un pensiero di seconda classe si accompagna molto più facilmente a tendenza ontologiche troppo liberali che non a tendenze ontologiche troppo restrittive. Il mio atteggiamento nei confronti dell'ontologia assomiglia a quello di Carnap, il mio criterio a quello di Quine. Per quanto ne so la mia concezione della matematica mi impegna solo ad accettare quelle classi che sono necessarie per la sintassi.

Mi viene in mente un'idea divertente sugli ZF-universi: si potrebbe obiettare che la stessa ZF implica che non ne esistono. La mia risposta è, naturalmente, che quest'implicazione è implicita nella mia immagine.

Il criterio in base a cui giudichiamo le teorie in generale è quale uso possiamo farne e quale soddisfazione possiamo trarne. Perciò il criterio secondo cui giudicheremo le teorie degli insiemi sarà costituito principalmente dalla loro adeguatezza per i fondamenti, dalle loro conseguenze in altre parti della matematica (e forse in altre scienze), e dal loro valore estetico. Ora, dal punto di vista dell'adeguatezza per i fondamenti, quasi tutte le teorie degli insiemi che sono oggetto attualmente di seria attenzione hanno forti credenziali. O almeno le hanno se sono coerenti: considererò qui le teorie incoerenti come inadeguate per qualsiasi scopo. È perciò presumibile che due siano gli elementi di una valutazione comparata delle teorie degli insiemi: le conseguenze al di fuori della teoria degli insiemi ed il valore estetico.

Si dispone di un numero ragionevole di conoscenze sulle conseguenze di vari 'aspiranti assiomi' della teoria degli insiemi in altre parti della matematica. Kreisel ha dimostrato che l'assioma di scelta non conduce a nuove conseguenze aritmetiche oltre quelle di ZF; ma esso ha conseguenze in topologia. I cardinali inaccessibili, d'altro canto, hanno applicazioni sia aritmetiche che topologiche. L'ipotesi del continuo appare sospetta a Gödel e ad altri perché le sue conseguenze nella teoria degli insiemi di punti e nella teoria degli spazi hilbertiani sono ritenute implausibili. È chiaro che 'prove' del genere, relative ad enunciati indecisi di ZF, rimandano a teorie matematiche diverse dalla teoria degli insiemi per una loro valutazione. Nella misura in cui l'aritmetica è una di tali teorie, potrebbe sembrare che esista una solida base di giudizio. Il guaio è, naturalmente, che le conseguenze in questione, a loro volta, non sono né confermate né refutate. Che la teoria degli insiemi sia connessa con altre aree della matematica ci aiuta a capire che una valutazione della teoria degli insiemi non è indipendente da valutazioni in altri campi. E ciò non sorprende, dal momento che interconnessioni tra teorie sono la regola nelle scienze in generale.

Quando al valore estetico, si ragiona in termini di 'bellezza della struttura' e di 'eleganza delle argomentazioni'; e indubbiamente una teoria degli insiemi che genera problemi stimolanti e affascinanti va accreditata sotto questo titolo. Solo fino a un certo punto ci si può attendere un accordo sui meriti delle varie teorie degli insiemi da tale punto di vista. I teorici guidati da intuizioni possono trovare particolari pregi in teorie che sembrano rispecchiare quelle intuizioni, in particolare se sono convinti che tali intuizioni sono intuizioni di verità profonde. In base a tale convincimento essi possono considerare teorie degli insiemi che non tentano di rispecchiare contenuti mentali come poco interessanti e, come tali, da osteggiare, mentre noi che attribuiamo meno importanza all'intuizione potremmo non ritenere fondato un tale atteggiamento. Naturalmente anche a quelli tra noi che attribuiscono poca importanza alle proprie intuizioni è dato di avere un rispetto reverenziale del lavoro degli altri, di altri che forse attribuiscono molto più importanza alle loro. E se argomentazioni particolarmente notevoli, del tipo forse di quella di Solovay per il suo insieme non costruibile Δ^1_3, richiedessero assiomi per grandi cardinali, ciò potrebbe costituire un buon motivo (anche per un formalista) per assumere un atteggiamento favorevole verso tali assiomi. In effetti, se si pensa ai risultati che sono stati ottenuti dagli insiemisti che considerano le loro intuizioni come cartelli indicatori del cammino verso la Verità, è ben difficile poter lesinare loro la *loro* immagine.

RIFERIMENTI BIBLIOGRAFICI

[1] Cohen, P. J., *Set theory and the continuum hypothesis*, Benjamin, New York, 1966.

[2] Gödel, K. "What is Cantor's continuum problem?", in *Philosophy of mathematics*, a cura di Benacerraf, P. e Putnam, H., Prentice-Hall, Englewood Cliffs, New Jersey, 1964; trad. it. in *La filosofia della matematica*, a cura di C. Cellucci, Laterza, Bari, 1967, pp. 113-136.

[3] Putnam, H., "The thesis that mathematics is logic", in *Bertrand Russell, philosopher of the century*, a cura di Schoenman, R., Little, Brown and Company, Boston, 1967.

[4] Quine, W. V., *Set theory and its logic*, Belknap Press, Cambridge, 1963.

[5] Skolem, T., "Some remarks on axiomatized set theory", in *From Frege to Gödel*, a cura di van Heijenoort, J., Harvard Press, Cambridge, 1967.

RICHARD MONTAGUE

Teoria degli insiemi
e
logica di ordine superiore

In questo lavoro si considerano varie applicazioni della teoria degli insiemi alla logica di ordine superiore e viceversa. La logica del secondo ordine viene utilizzata per determinare i modelli standard della teoria degli insiemi di Zermelo-Fraenkel; un esame dei modelli standard dà luogo all'introduzione di nuovi sistemi di teoria degli insiemi; uno di tali sistemi viene utilizzato per dare una definizione di verità per enunciati di ordine superiore. Infine si dà una giustificazione filosofica della teoria degli insiemi di Zermelo-Fraenkel con individui in termini di verità logica nella logica di ordine superiore.

1. *Modelli standard*

Consideriamo tre ben note teorie del primo ordine. La prima, detta *aritmetica di Peano*, ha le costanti non logiche 0, S, $+$, $\cdot$, e i seguenti assiomi:[1]

$$\neg 0 = Sx,$$
$$Sx = Sy \rightarrow x = y,$$
$$x + 0 = x,$$
$$x + Sy = S(x + y),$$
$$x \cdot 0 = 0,$$
$$x \cdot Sy = (x \cdot y) + x,$$
$$P[0] \wedge \bigwedge x [P[x] \rightarrow P[Sx]] \rightarrow \bigwedge x P[x].$$

[1] Per gli scopi del presente lavoro conviene considerare una teoria del primo ordine come determinata da una successione di costanti non logiche e da un insieme di assiomi. Uso le costanti logiche $\neg$, $\wedge$, $\vee$, $\rightarrow$, $\leftrightarrow$, $\bigwedge$, $\bigvee$, che sono rispettivamente i simboli della negazione, congiunzione, disgiunzione, implicazione, equivalenza, quantificazione universale, quantificazione esistenziale, e identità. (Uso '$\neg$', '$\wedge$' ecc. come *nomi* di certi simboli del linguaggio oggetto e indico la concatenazione con la giustapposizione).

L'ultimo di questi principi viene considerato come uno schema, detto *schema di induzione*; si prendono come assiomi tutte le formule dell'aritmetica di Peano che si possono ottenere senza confusione delle variabili sostituendo nello schema P con una formula. La seconda teoria, detta (almeno in una delle sue formulazioni)[2] *teoria dei campi reali chiusi*, ha le costanti non logiche 0, 1, +, · , —, $^{-1}$, e i seguenti assiomi:

$$
\begin{aligned}
&x + (y + z) = (x + y) + z,\\
&x + y = y + x,\\
&x + 0 = x,\\
&x + (-x) = 0,\\
&x \cdot (y \cdot z) = (x \cdot y) \cdot z,\\
&x \cdot y = y \cdot x,\\
&x \cdot 1 = x,\\
&\neg x = 0 \rightarrow x \cdot x^{-1} = 1,\\
&x \cdot (y + z) = (x \cdot y) + (x \cdot z),\\
&\neg 0 = 1,\\
&0 \leq x \vee 0 \leq -x,\\
&0 \leq x \wedge 0 \leq -x \rightarrow x = 0,\\
&0 \leq x \wedge 0 \leq y \rightarrow 0 \leq x + y \wedge 0 \leq x \cdot y,\\
&x \leq y \leftrightarrow 0 \leq y + (-x),\\
&0^{-1} = 0,\\
&\bigvee x\, P[x] \wedge \bigvee y \bigwedge x\, [P[x] \rightarrow x \leq y] \rightarrow \bigvee y\, (\bigwedge x\, [P[x] \rightarrow x \leq y] \wedge\\
&\quad \bigwedge z\, [\bigwedge x\, [P[x] \rightarrow x \leq z] \rightarrow y \leq z]).
\end{aligned}
$$

L'ultimo assioma è detto *schema di continuità* e svolge un ruolo analogo a quello dello schema di induzione; cioè, si considerano come assiomi tutte le formule della teoria che si possono ottenere (ancora senza confusione delle variabili) sostituendo nello schema P con una formula. Come ultimo esempio, consideriamo la *teoria degli insiemi di Zermelo-Fraenkel*, la cui unica costante non-logica è ε e i cui assiomi sono i seguenti:

$$
\begin{aligned}
&\bigwedge u\, [u \,\varepsilon\, a \leftrightarrow u \,\varepsilon\, b] \rightarrow a = b,\\
&\bigvee u\, u \,\varepsilon\, a \rightarrow \bigvee u\, [u \,\varepsilon\, a \wedge \neg \bigvee v\, (v \,\varepsilon\, u \wedge v \,\varepsilon\, a)],\\
&\bigvee a \bigwedge u\, [u \,\varepsilon\, a \leftrightarrow u = x \vee u = y],\\
&\bigvee b \bigwedge u\, [u \,\varepsilon\, b \leftrightarrow \bigvee v\, (u \,\varepsilon\, v \wedge v \,\varepsilon\, a)],\\
&\bigvee b \bigwedge u\, [u \,\varepsilon\, b \leftrightarrow \bigwedge x\, (x \,\varepsilon\, u \rightarrow x \,\varepsilon\, a)],
\end{aligned}
$$

[2] La formulazione consueta fa intervenire un numero minore di simboli primitivi, ed ha quindi degli assiomi un po' più complicati. È chiaro che parecchi dei nostri simboli, per esempio $^{-1}$, potrebbero essere definiti in termini degli altri.

$$\bigvee a\,[\bigvee u\, u\,\varepsilon\, a \wedge \bigwedge u(u\,\varepsilon\, a \rightarrow \bigvee v\,[u\,\varepsilon\, v \wedge v\,\varepsilon\, a])],$$
$$\bigwedge x \bigwedge y \bigwedge z \bigwedge a \bigwedge b \bigwedge c \bigwedge q \bigwedge r\,[\bigwedge u(u\,\varepsilon\, a \leftrightarrow u = x) \wedge$$
$$\bigwedge u(u\,\varepsilon\, b \leftrightarrow u = x \vee u = y) \wedge \bigwedge u(u\,\varepsilon\, c \leftrightarrow u = x \vee u = z) \wedge$$
$$\bigwedge u(u\,\varepsilon\, q \leftrightarrow u = a \vee u = b) \wedge \bigwedge u(u\,\varepsilon\, r \leftrightarrow u = a \vee u = c)$$
$$\wedge P\,[q] \wedge P\,[r] \rightarrow y = z] \rightarrow \bigwedge s \bigvee t \bigwedge y\,[y\,\varepsilon\, t \leftrightarrow$$
$$\bigvee x \bigvee a \bigvee b \bigvee q\,(x\,\varepsilon\, s \wedge$$
$$\bigwedge u\,[u\,\varepsilon\, a \leftrightarrow u = x] \wedge \bigwedge u\,[u\,\varepsilon\, b \leftrightarrow u = x \vee u = y] \wedge$$
$$\bigwedge u\,[u\,\varepsilon\, q \leftrightarrow u = a \vee u = b] \wedge P\,[q])].$$

L'ultimo di tali principi si dice *schema di rimpiazzamento*; come per gli schemi precedenti, prendiamo come assiomi tutte le formule della teoria degli insiemi di Zermelo-Fraenkel che si possono ottenere senza confusione delle variabili sostituendo, in questo schema, P con una *formula*.[3] Un *modello possibile* dell'aritmetica di Peano è una struttura $\langle A, x, f, g, h\rangle$, dove (1) A è un insieme, (2) x è un elemento di A, e (3) f, g, h, sono funzioni di una, due e due variabili rispettivamente su e nell'insieme A. Si dice che una struttura $\langle A, x, f, g, h\rangle$ è un *modello* dell'aritmetica di Peano se tutti gli assiomi di tale teoria sono veri quando (1) tutte le variabili vincolate assumono valori nell'insieme A, (2) 0 è interpretato come l'elemento x di A, (3) S, $+$, $\cdot$, sono interpretate come le funzioni f, g, h rispettivamente, e (4) un assioma che contiene variabili libere viene interpretato come se cominciasse con dei quantificatori universali di quelle variabili.[4] I concetti di *modello possibile* e di *modello* possono essere usati, naturalmente, anche in relazione ad altre teorie. Per esempio, un modello possibile della teoria dei campi reali chiusi avrà la forma $\langle A, x, y, f, g, h, j, R\rangle$, dove (1) A è un insieme, (2) x, y sono elementi di A considerati come corrispondenti alle costanti 0, 1 rispettivamente, (3) f, g sono funzioni di due variabili su e nell'insieme A, considerate come corrispondenti ai simboli di operazione $+$, $\cdot$ rispettivamente, (4) h, j sono funzioni di una sola variabile su e nell'insieme A, considerate come corrispondenti ai simboli di opera-

[3] Lo schema di rimpiazzamento è dato qui in una formulazione un po' più complicata del solito. Ciò dipende dal fatto che la formulazione consueta fa intervenire una variabile predicativa a due posti invece di una variabile predicativa ad un posto P, e per ragioni di semplicità nel seguito preferisco evitare variabili predicative a più di un posto. Il contenuto intuitivo della presente formulazione si può esprimere più semplicemente come segue usando la notazione definita '$<x, y>$' per le coppie ordinate:

$$\bigwedge x \bigwedge y \bigwedge z\,[P\,[<x,y>] \wedge P\,[<x,z>] \rightarrow y = z] \rightarrow$$
$$\bigwedge s \bigvee t \bigwedge y\,[y\,\varepsilon\, t \leftrightarrow \bigvee x\,(x\,\varepsilon\, s \wedge P\,[<x,y>])]$$

[4] Per una esatta definizione della nozione di verità in un modello possibile, si veda Tarski e Vaught [12].

zione $-$, $^{-1}$, rispettivamente, e (5) R è un insieme di coppie ordinate di elementi di A, cosiderato come corrispondente al predicato $\leq$; e un modello possibile della teoria degli insiemi di Zermelo-Fraenkel avrà la forma $\langle A, R \rangle$, dove A è un insieme non vuoto e R è un insieme di coppie ordinate di elementi di A. In generale, un modello possibile di una teoria sarà considerato un modello di quella teoria se tutti gli assiomi della teoria sono veri nell'interpretazione fornita dal modello possibile.

È consuetudine introdurre tre nozioni di *modello standard* che corrispondono alle tre teorie in questione. Tali nozioni, al contrario di quelle di modello possibile e di modello, non sembrano scaturire in prima analisi da un concetto naturale generale. Il modello dell'aritmetica di Peano che viene in mente per primo è la struttura $\langle A, x, f, g, h \rangle$ dove A è l'insieme dei numeri naturali, x è il numero 0, e f, g, h sono rispettivamente le funzioni di successore, addizione e moltiplicazione applicate ai numeri naturali. Per *modello standard dell'aritmetica di Peano* si intende una struttura isomorfa a questa.[5] (È chiaro che dobbiamo includere strutture *isomorfe* ai numeri naturali perché nessuna di tali strutture può essere considerata come un modello *non standard* dell'aritmetica, nel senso che si dà ordinariamente a questo termine nella letteratura).

La teoria dei campi reali chiusi è stata ideata prima di tutto per descrivere i numeri reali. Perciò per *modello standard* di questa teoria si intende una struttura isomorfa a $\langle A, x, y, f, g, h, j, R \rangle$, dove A è l'insieme dei numeri reali, x e y sono rispettivamente i numeri 0 e 1, f e g sono rispettivamente le funzioni di somma e di prodotto di numeri reali, h è la funzione che associa al numero reale u il numero $-u$, j è la funzione che associa al numero reale u il numero $1/u$ (convenendo di identificare $1/0$ con 0), e R è l'ordinaria relazione di ordine di grandezza fra numeri reali.

Per la teoria degli insiemi, introduciamo prima una gerarchia transfinita di tipi. Intuitivamente, se α è un ordinale qualsiasi, $T(\alpha)$ sarà l'α-esimo tipo di una gerarchia russelliana che parte da un insieme vuoto di individui. La definizione ricorsiva è la seguente:

$T(0) =$ l'insieme vuoto
$T(\alpha + 1) =$ l'insieme di tutti i sottoinsiemi di $T(\alpha)$.
Se λ è un numero limite, $T(\lambda)$ è l'unione di tutti gli insiemi $T(\xi)$, per $\xi < \lambda$.

[5] Per la nozione generale di isomorfismo di strutture, si veda, per esempio, Tarski [11].

(Si osservi che in base a questa definizione i tipi sono cumulativi e quindi non sono due a due disgiunti. Per esempio, l'insieme vuoto è un elemento sia di $T(1)$ che di $T(2)$. Ciò non è affatto incompatibile con la teoria di Russell. Benché questa richieda simboli distinti per l'insieme vuoto di tipo 0 e per l'insieme vuoto di tipo 1, nulla impedisce ai due simboli di designare il medesimo oggetto. L'identità fra i due simboli non è un enunciato della teoria e non può essere né asserita né negata). Per *modello standard della teoria degli insiemi di Zermelo-Fraenkel* si intende una struttura isomorfa a $\langle T(\alpha), \in (T(\alpha))\rangle$, dove α è un ordinale fortemente inaccessibile maggiore di ω ;[6] se A è un insieme qualsiasi, $\in (A)$ è la relazione di appartenenza ristretta ad A (cioè l'insieme delle coppie ordinate $\langle x, y\rangle$ per le quali x e y sono in A e x è un elemento di y).

È possibile che queste tre nozioni di modello standard, apparentemente così disparate, siano riconducibili ad un unico concetto naturale che le comprende tutte? Io credo che ciò non sia possibile finché ci si limita a considerare le tre teorie del *primo ordine* introdotte in precedenza. Dobbiamo considerare invece tre teorie del *secondo ordine* corrispondenti, costruite nel modo seguente.

L'*aritmetica di Peano del secondo ordine* è la teoria definita esattamente come l'aritmetica di Peano tranne che lo schema di induzione viene sostituito da un singolo assioma del secondo ordine,

$$\bigwedge P(P[0] \wedge \bigwedge x[P[x] \rightarrow P[Sx]] \rightarrow \bigwedge xP[x])$$

(dove P ha ora la funzione di una vera e propria variabile predicativa). Analogamente, la *teoria del secondo ordine dei numeri reali* e la *teoria degli insiemi del secondo ordine di Zermelo-Fraenkel* sono definite esattamente come la teoria dei campi reali chiusi e come la teoria degli insiemi di Zermelo-Fraenkel rispettivamente, tranne che lo schema di continuità e lo schema di rimpiazzamento vengono sostituiti dagli assiomi del secondo ordine che si ottengono da essi premettendo quantificatori universali di P.

I modelli possibili di una qualsiasi di queste tre teorie coincidono con i modelli possibili delle teorie del primo ordine corrispondenti. (Perciò, come sempre, la collezione dei modelli possibili dipende soltanto dalla successione delle costanti non logiche della teoria in questione). Un modello possibile di una teoria del secondo ordine sarà considerato un *modello* di questa teoria se tutti gli assiomi della teoria sono veri

[6] Per varie definizioni equivalenti della nozione di ordinale fortemente inaccessibile, si veda Montague e Vaught [8], che contiene un'indagine di certe proprietà delle strutture $<T(\alpha), \varepsilon (T(\alpha))>$

nell'interpretazione fornita del modello possibile; le variabili individuali sono considerate come varianti sull'*universo* del modello possibile (cioè, sull'insieme che è il primo membro del modello possibile), e le variabili predicative (a un posto) sono considerate come varianti sull'insieme di tutti i sottoinsiemi dell'universo.

Ora, è ben noto che i modelli dell'aritmetica di Peano del secondo ordine coincidono esattamente con le strutture descritte in precedenza come modelli *standard* dell'aritmetica di Peano (del primo ordine), ed è abbastanza facile mostrare che i modelli della teoria del secondo ordine dei numeri reali e quelli della teoria degli insiemi del secondo ordine di Zermelo-Fraenkel coincidono rispettivamente con i modelli *standard* della teoria dei campi reali chiusi, e con i modelli *standard* della teoria degli insiemi (del primo ordine) di Zermelo-Fraenkel. Questi fatti suggeriscono un'unificazione delle nozioni particolari divergenti: ogni qual volta parliamo dei modelli standard di una teoria del primo ordine T, abbiamo in mente una corrispondente teoria del secondo ordine U; i modelli standard di T si identificano allora con i modelli di U.

In qualsiasi contesto si considerino i modelli standard, la teoria di interesse basilare sembra essere sempre una teoria del secondo ordine (o, in alcuni casi che comunque non considereremo in questo lavoro, una teoria di ordine superiore al secondo). Naturalmente possiamo considerare anche varie sottoteorie della teoria del secondo ordine.[7] In effetti per certi scopi ciò è essenziale in vista di proprietà come la compattezza e la proprietà di Löwenheim-Skolem, per esempio, di cui godono tutte le teorie del primo ordine ma di cui non gode alcuna teoria interessante del secondo ordine.

Supponiamo di aver scelto una teoria del secondo ordine su cui fissare la nostra attenzione. Come scegliere una sottoteoria che si possa chiamare "la teoria del primo ordine corrispondente"? Consideriamo un procedimento applicabile a quelle teorie del secondo ordine T i cui assiomi, come nei nostri esempi, hanno tutti la forma

$$\bigwedge P_0 \ldots \bigwedge P_{n-1} \phi$$

dove $P_0 \ldots, P_{n-1}$ sono variabili predicative e ϕ è una formula priva di quantificatori del secondo ordine.[8] Per *istanza del primo ordine in T*

[7] Si dice che una teoria è una sottoteoria di un'altra se tutti i teoremi della prima sono teoremi della seconda. (Un *teorema* di una teoria T del primo o del secondo ordine è una formula del primo o del secondo ordine di T che è vera in ogni modello di T).

[8] Gli assiomi del primo ordine dei nostri esempi si possono considerare di questa forma, per $n = 0$.

della formula sopra esposta, si intende una formula del primo ordine che si può ottenere (senza confusione delle variabili vincolate) sostituendo in ϕ le variabili predicative $P_0, \ldots, P_{n-1}$ con formule di T. La teoria del primo ordine corrispondente a T potrebbe allora essere identificata con la teoria le cui costanti non logiche sono quelle di T e i cui assiomi sono le istanze del primo ordine in T degli assiomi di T. È in base a questa nozione che si può dire che le tre teorie del secondo ordine considerate in precedenza hanno come teorie del primo ordine corrispondenti l'aritmetica di Peano, la teoria dei campi reali chiusi, e la teoria degli insiemi di Zermelo-Fraenkel.

Questo modo di scegliere una teoria del primo ordine, tuttavia, è innaturale: si possono trovare facilmente due teorie del secondo ordine equivalenti[9] le cui teorie del primo ordine corrispondenti, nel senso che abbiamo ora definito, non sono equivalenti. Un procedimento molto più naturale, che è poi quello che adotteremo, consiste nell'identificare la *teoria del primo ordine corrispondente a una teoria del secondo ordine* T con la teoria le cui costanti non logiche sono quelle di T e i cui assiomi sono gli enunciati del primo ordine che sono teoremi di T.

Alla luce di questa analisi due delle teorie del primo ordine considerate in precedenza, l'aritmetica di Peano e la teoria degli insiemi di Zermelo-Fraenkel, perdono interesse. Esse infatti non sono equivalenti a ciò che ora consideriamo come le teorie del primo ordine corrispondenti all'aritmetica di Peano del secondo ordine e alla teoria degli insiemi del secondo ordine di Zermelo-Fraenkel. Le teorie del primo ordine corrispondenti a queste due teorie, non sono certamente equivalenti ad alcuna teoria ricorsivamente assiomatizzata (e neppure a teorie con un insieme *aritmetico* di assiomi, nel senso di Kleene [3]), e per certi scopi può interessarci di considerare sottoteorie del primo ordine ricorsivamente assiomatizzate. Ma l'aritmetica di Peano e la teoria degli insiemi di Zermelo-Fraenkel, benché soddisfino questa descrizione, non possono essere considerate in alcun modo come privilegiate in una vasta gamma di altre teorie non equivalenti che godono anch'esse dei necessari requisiti.

La situazione cambia quando si considera la teoria del secondo ordine dei numeri reali. In base ad un risultato di Tarski [10] ciò che ora chiamiamo la teoria del primo ordine corrispondente a questa teoria è equivalente alla teoria dei campi reali chiusi.

[9] Due teorie del primo o del secondo ordine si dicono *equivalenti* se hanno gli stessi modelli.

2. *Teoria degli insiemi senza ranghi*

Esistono interessanti strutture della forma $\langle T(\alpha), \in (T(\alpha))\rangle$ oltre a quelle considerate in precedenza (cioè, oltre a quelle in cui α è fortemente inaccessibile e maggiore di ω). Per esempio i modelli standard della teoria degli insiemi di Gödel [1] o di Morse[10] possono essere ragionevolmente considerati come le strutture isomorfe a $\langle \mathrm{T}(\alpha), \in (T(\alpha))\rangle$, dove α è il *successore* di un ordinale fortemente inaccessibile maggiore di ω. La struttura che viene in mente naturalmente in relazione a certe formulazioni della teoria generale degli insiemi è $\langle T(\omega), \in (T(\omega))\rangle$ oppure $\langle T(\omega+1), \in (T(\omega+1))\rangle$, a seconda della formulazione; e non è difficile trovare altri esempi. Per questa ragione potrebbe essere interessante considerare la collezione di *tutte* le strutture $\langle T(\alpha), \in (T(\alpha))\rangle$ che si pongono come modelli possibili (cioè, per cui $\alpha > 0$),[11] e cercare un sistema di teoria degli insiemi che, in relazione a questa collezione, svolga lo stesso ruolo che è svolto dalla teoria degli insiemi del secondo ordine di Zermelo-Fraenkel in rapporto alla collezione di strutture più ristretta considerata in precedenza. Il problema è allora quello di trovare una teoria T la cui unica costante non-logica è ε e tale che i modelli di T coincidono con le strutture isomorfe a $\langle T(\alpha), \in (T(\alpha))\rangle$, dove α è un ordinale maggiore di 0.

Si vede abbastanza facilmente che nessuna teoria del primo ordine può soddisfare questa condizione. D'altra parte, una teoria del secondo ordine che gode di tale proprietà è stata costruita da Dana Scott e da me. I suoi assiomi sono i seguenti:[12]

(1) $\bigwedge u[u \,\varepsilon\, a \leftrightarrow u \,\varepsilon\, b] \rightarrow a = b,$

(2) $\bigvee b \bigwedge x[x \,\varepsilon\, b \leftrightarrow \bigvee y(y \,\varepsilon\, a \wedge \bigwedge z[z \,\varepsilon\, x \rightarrow z \,\dot{\varepsilon}\, y])],$

(3) $\bigvee k \bigwedge m \bigwedge b(\bigwedge x[x \,\varepsilon\, m \rightarrow x \,\dot{\varepsilon}\, k] \wedge \bigwedge x[x \,\varepsilon\, b \leftrightarrow \bigvee y(y \,\dot{\varepsilon}\, m \wedge$
$\bigwedge z[z \,\varepsilon\, x \rightarrow z \,\overset{:}{\varepsilon}\, y])] \rightarrow b \,\dot{\varepsilon}\, k \wedge \bigwedge x[x \,\varepsilon\, a \rightarrow x \,\varepsilon\, b]),$

(4) $\bigwedge P \bigwedge a \bigvee b \bigwedge x[x \,\varepsilon\, b \leftrightarrow P[x] \wedge x \,\varepsilon\, a].$

(Nell'ultimo assioma, il noto *Aussonderungsaxiom*, P è naturalmente una variabile predicativa). Questa teoria può essere chiamata *teoria degli*

[10] Per il sistema di Morse si veda l'Appendice di Kelley [2].

[11] L'esclusione della possibilità che $\alpha = 0$ è piuttosto artificiosa e viene fatta soltanto per conservare l'armonia con la teoria dei modelli convenzionale, che non prende in considerazione modelli con un insieme vuoto di elementi.

[12] Il fatto che questi assiomi diano una teoria con la proprietà richiesta non è del tutto ovvio. Alcune derivazioni preliminari dagli assiomi, che rendono abbastanza semplice il resto della dimostrazione, si possono trovare nella monografia di Montague, Scott e Tarski [7] di prossima pubblicazione.

insiemi del secondo ordine senza ranghi. (Il nome deriva dal fatto che la teoria è neutrale rispetto ai ranghi, o tipi, dei suoi modelli).

È forse più interessante, almeno dal punto di vista della filosofia e delle scienze empiriche, quel tipo di teoria degli insiemi che ammette la possibilità dell'esistenza di individui, ovvero non-insiemi (oggetti che non contengono elementi ma che sono diversi dall'insieme vuoto). Consideriamo perciò anche una versione modificata del sistema, ed intendiamo per *teoria degli insiemi del secondo ordine senza ranghi con individui* la teoria le cui costanti non logiche sono ε e Σ (quest'ultima intesa come il predicato 'essere un insieme') e i cui assiomi sono i seguenti:

$$\bigwedge x[x \,\varepsilon\, a \leftrightarrow x \,\varepsilon\, b] \wedge \Sigma a \wedge \Sigma b \rightarrow a = b,$$
$$y \,\varepsilon\, x \rightarrow \Sigma x,$$
$$\Sigma a \rightarrow \bigvee b \bigwedge x\, [x \,\varepsilon\, b \leftrightarrow \neg \Sigma x \vee \bigvee y (y \,\varepsilon\, a \wedge \bigwedge z\, [z \,\varepsilon\, x \rightarrow z \,\varepsilon\, y])],$$
$$\bigwedge a \bigvee k \bigwedge m \bigwedge b\, (\bigwedge x\, [x \,\varepsilon\, m \rightarrow x \,\varepsilon\, k] \wedge \bigwedge x\, [x \,\varepsilon\, b \leftrightarrow \neg \Sigma x \vee \bigvee y$$
$$(y \,\varepsilon\, m \wedge \bigwedge z\, [z \,\varepsilon\, x \rightarrow z \,\varepsilon\, y])] \rightarrow b \,\varepsilon\, k \vee \bigwedge x\, [x \,\varepsilon\, a \rightarrow x \,\varepsilon\, b]),$$
$$\bigwedge P \bigwedge a\, [\Sigma a \rightarrow \bigvee b\, (\Sigma b \wedge \bigwedge x\, [x \,\varepsilon\, b \leftrightarrow P\, [x] \wedge x \,\varepsilon\, a])].$$

(L'ultimo assioma è un'altra versione dell'*Aussonderungsaxiom*).

Un modello possibile $\mathfrak{A}$ di questa teoria avrà la forma $\langle A, R, B \rangle$, dove A è un insieme non vuoto, R è un insieme di coppie ordinate di elementi di A (considerato come l'estensione di ε), e B è un sottoinsieme di A (considerato come l'estensione di Σ). Per una struttura $\mathfrak{A}$ di questo tipo, sia $A—B$ l'*insieme degli individui di* $\mathfrak{A}$, o $In_{\mathfrak{A}}$.

Prima di analizzare i *modelli* di questa seconda teoria, dobbiamo considerare un momento la natura della nostra metateoria. Intendiamo questa come un'estensione (definitoria o assiomatica) della teoria degli insiemi di Zermelo-Fraenkel con individui.[13] Perciò nella nostra metateoria ammettiamo la possibilità dell'esistenza di individui. Non ci impegnamo circa il loro numero, che in effetti potrebbe anche essere zero. Non dobbiamo neppure prendere posizione sul fatto che tali individui costituiscano o meno un insieme, benché l'approccio più naturale sia quello di considerarli come tali, come abbiamo fatto nel penultimo degli assiomi forniti sopra.

Dato ora un insieme U, possiamo costruire una gerarchia russelliana cumulativa transfinita basata su U. Se α è un ordinale qualsiasi, $T_U(\alpha)$

[13] Per una formulazione assiomatica della teoria degli insiemi di Zermelo-Fraenkel con individui si veda Suppes [9], pp. 237-8; l'assioma dei cardinali va omesso. Un'altra formulazione, equivalente agli assiomi di Suppes più l'ulteriore ipotesi che gli individui costituiscono un insieme, è data appresso nel testo.

sarà l'α-esimo tipo di questa gerarchia; la definizione ricorsiva è la seguente:

$T_U(0) = U$;
$T_U(\alpha + 1) =$ l'unione di $T_U(\alpha)$ e dell'insieme di tutti i sottoinsiemi di $T_U(\alpha)$;
se λ è un numero limite, allora $T_U(\alpha)$ è l'unione degli insiemi $T_U(\xi)$ per $\xi < \lambda$.

(Si osservi che se U è l'insieme vuoto e α è un ordinale qualsiasi, allora $T_U(\alpha) = T(\alpha)$).

I modelli possibili che vengono subito in mente spontaneamente, in rapporto alla teoria degli insiemi con individui, sono strutture della forma $\langle T_U(\alpha), \in (T_U(\alpha)), T_U(\alpha) - U\rangle$, dove U è un insieme di individui, α è un ordinale e $T_U(\alpha)$ è non vuoto.

In realtà, se T è una teoria degli insiemi del secondo ordine senza ranghi con individui, i modelli di T possono essere descritti in termini di tali strutture, proprio come i modelli della teoria degli insiemi del secondo ordine senza ranghi sono stati descritti in termini delle strutture $\langle T(\alpha), \in (T(\alpha))\rangle$: se (1) $\mathfrak{A}$ è un modello possibile di T e (2) esiste un insieme di individui della stessa cardinalità di $In_{\mathfrak{A}}$, allora $\mathfrak{A}$ è un modello di T se e solo se $\mathfrak{A}$ è isomorfo a una struttura $\langle T_U(\alpha), \in (T_U(\alpha)), T_U(\alpha) - U\rangle$, dove U, α, $T_U(\alpha)$ sono come sopra.

In vista dell'ipotesi (2) questa è soltanto una descrizione parziale dei modelli di T. Inoltre l'ipotesi (2) è essenziale; se l'insieme U potesse contenere non-individui, la struttura $\langle T_U(\alpha), \in (T_U(\alpha)), T_U(\alpha) - U\rangle$ non sarebbe in generale un modello di T.

Diciamo *struttura standard dei tipi*, o semplicemente *struttura dei tipi*, un modello della teoria degli insiemi del secondo ordine senza ranghi con individui. Con l'aiuto di alcune nozioni ausiliarie, possiamo stabilire alcuni fatti circa le strutture dei tipi che non dipendono dal numero degli individui.

Sia $\mathfrak{A}$ una struttura dei tipi, e $\mathfrak{A}$ abbia la forma $\langle A, R, B\rangle$. Se α è un ordinale qualsiasi, $\tau_{\mathfrak{A}}(\alpha)$ sarà l'α-esimo tipo cumulativo in $\mathfrak{A}$; questa nozione è definita per ricursione nel modo seguente:

$\tau_{\mathfrak{A}}(0) = In_{\mathfrak{A}}$;
$\tau_{\mathfrak{A}}(\alpha + 1) =$ l'insieme degli x in A tali che, per tutti gli y, se $\langle y, x\rangle$ è in R, allora y e in $\tau_{\mathfrak{A}}(\alpha)$.
se λ è un numero limite, allora $\tau_{\mathfrak{A}}(\lambda)$ è l'unione degli insiemi $\tau_{\mathfrak{A}}(\xi)$ per $\xi < \lambda$.

Risulta che $A = \tau_{\mathfrak{A}}(\alpha)$ per qualche ordinale α; chiamiamo *rango* di $\mathfrak{A}$ il più piccolo di tali ordinali.

Se B è un insieme qualsiasi e α è un ordinale qualsiasi maggiore di 0, allora esiste una struttura dei tipi $\mathfrak{A}$ di rango α tale che $In_{\mathfrak{A}} = B$. Se B è un insieme non vuoto, esiste una struttura dei tipi $\mathfrak{A}$ di rango 0 tale che $In_{\mathfrak{A}} = B$. Se $\mathfrak{A}$ e $\mathfrak{A}'$ sono strutture dei tipi dello stesso rango, e $In_{\mathfrak{A}}$ e $In_{\mathfrak{A}'}$ hanno la stessa cardinalità, allora $\mathfrak{A}$ è isomorfa a $\mathfrak{A}'$. Se $\mathfrak{A}$ e $\mathfrak{A}'$ sono strutture dei tipi, e f è una corrispondenza biunivoca fra $In_{\mathfrak{A}}$ e $In_{\mathfrak{A}'}$ allora esiste al massimo un isomorfismo fra $\mathfrak{A}$ e $\mathfrak{A}'$ che è un'estensione di f. Se $\mathfrak{A}$ è una struttura dei tipi, $\mathfrak{A} = \langle A, R, B \rangle$, α è un ordinale al massimo uguale al rango di $\mathfrak{A}$, e $\tau_{\mathfrak{A}}(\alpha)$ è non vuoto, allora $\langle \tau_{\mathfrak{A}}(\alpha), R', B' \rangle$ è una struttura dei tipi di rango α, dove R' è la restrizione di R a $\tau_{\mathfrak{A}}(\alpha)$.

Se nella teoria degli insiemi del secondo ordine senza ranghi e nella teoria degli insiemi del secondo ordine senza ranghi con individui eliminiamo il quantificatore iniziale nell'*Aussonderungsaxiom* e consideriamo il risultato come uno schema, otteniamo due teorie del primo ordine, che possiamo chiamare rispettivamente *teoria degli insiemi del primo ordine senza ranghi* e *teoria degli insiemi del primo ordine senza ranghi con individui.* Come l'aritmetica di Peano, queste teorie non hanno alcuna preminenza teorica tra un certo numero di sottoteorie ricorsivamente assiomatizzate del primo ordine delle teorie del secondo ordine corrispondenti; tuttavia esse hanno un certo interesse pratico. Vari sistemi utili di teoria degli insiemi, alcuni ben noti e altri ancora non sfruttati, si possono ottenere da queste due teorie del primo ordine in modo uniforme, aggiungendo 'assiomi dell'infinito', cioè principi che impongono condizioni sul rango dei modelli.

Per esempio, la *teoria degli insiemi di Zermelo-Fraenkel con individui* si ottiene aggiungendo alla teoria degli insiemi del primo ordine senza ranghi con individui l'assioma

$$\bigwedge x \bigvee y \; x \in y,$$

e tutte le formule della teoria che si possono ottenere senza confusione delle variabili sostituendo nello schema:

$$\bigwedge x \bigvee y \; R[x, y] \rightarrow \bigvee b[\bigwedge x(x \in a \rightarrow x \in b) \wedge \\ \bigwedge x(x \in b \rightarrow \bigvee y[y \in b \wedge R[x, y]])]$$

(che, per usare un termine di Raymond Smullyan, può essere detto *principio della chiusura disgiuntiva*) il predicato a due posti R con una formula.

Ulteriori esempi sono forniti dalla teoria degli insiemi di Zermelo-Fraenkel e dalla teoria degli insiemi di Morse, le cui formulazioni si ottengono in modo analogo partendo dalla teoria degli insiemi del primo ordine senza ranghi. Fra gli esempi meno noti vi sono una teoria T_1 che, grosso modo, sta alla teoria di Morse nella stessa relazione in cui questa sta alla teoria degli insiemi di Zermelo-Fraenkel, una teoria T_2 che sta nella stessa relazione a T_1, e così via; queste ultime teorie sembrano avere una certa importanza per i problemi fondazionali che nascono in connessione con diverse branche della matematica, per esempio l'algebra astratta, la teoria dei modelli e la topologia algebrica.[14]

3. *Logica di ordine superiore*

Il problema della definizione della verità (o più precisamente, della verità in un modello) di enunciati che contengono variabili di tipo transfinito sembra non sia mai stato completamente trattato nella letteratura, tuttavia esso può essere risolto abbastanza facilmente e in modo naturale mediante le considerazioni svolte nel paragrafo precedente.

Assumiamo che siano disponibili, come ingredienti delle formule di ordine superiore, le seguenti categorie disgiunte di simboli:

(1) Le costante logiche elencate nella nota 2.

(2) Un'ulteriore costante logica η, considerata come denotante la relazione di appartenenza.

(3) Per ogni numero naturale n, una collezione (la cui cardinalità non occorre specificare qui) di predicati a n posti.

(4) Per ogni numero naturale n, una collezione (anch'essa di cardinalità non specificata) di simboli di operazione a n posti.

(5) Per ogni ordinale α, un insieme numerabile di variabili di tipo α.

I quantificatori e $=$ possono essere applicati a variabili di tipo qualsiasi; i predicati e i simboli di operazione, invece, possono essere applicati soltanto a *variabili individuali* (cioè a variabili di tipo 0) o, più in generale, a *termini individuali*.

Per *termine individuale* si intende un'espressione t che è un componente di una successione finita s tale che ogni componente di s è o una variabile individuale oppure, per qualche numero naturale n, la concatenazione di un simbolo di operazione ad n posti con n componenti precedenti di s; per *termine* si intende o un termine individuale o una variabile di tipo maggiore di 0; e per *formula di ordine superiore* si intende un'espressione ϕ che è un componente di una successione finita s tale che

[14] Per una discussione di alcuni di questi problemi, si veda MacLane [4].

ogni componente di s è o (1) $t = u$ o $t \eta u$, per qualche termine u e t, o (2) la concatenazione di un predicato a n posti con n termini individuali per qualche numero naturale n, o (3) la negazione di un componente precedente di s, o (4) la congiunzione, disgiunzione, implicazione, o equivalenza formata da componenti precedenti di s, o (5) $\bigwedge v\phi$ o $\bigvee v\phi$, dove ϕ è un componente precedente di s e v è una variabile di tipo qualsiasi.

Questa caratterizzazione delle formule di ordine superiore avrebbe potuto essere più liberale in due sensi. Prima di tutto, le uniche variabili di ordine superiore che abbiamo ammesso sono variabili predicative a un posto. Avremmo potuto includere anche variabili predicative a più posti (e di vari tipi). Un approccio del genere risulta opportuno in relazione a una logica di ordine superiore tronca, in cui è assegnato un confine superiore finito ai tipi considerati. Quando non è dato un tale confine, però, tutto ciò che si può esprimere usando variabili predicative a più posti può essere anche espresso usando variabili predicative a un posto; ed è opportuno evitare le spiacevoli complicazioni della gerarchia dei tipi che le variabili predicative a più posti verrebbero a introdurre.

Una seconda possibile estensione di questo approccio consisterebbe nell'ammettere predicati e simboli di operazione che possono essere applicati significativamente non a termini individuali ma solo a variabili di tipo superiore. Un tale approccio richiederebbe una nozione di modello più generale di quella usata comunemente nella letteratura, che è anche quella definita appresso. La nozione più generale di modello sarebbe certo interessante. Essa permetterebbe una trattazione unificata di strutture quali spazi topologici, spazi uniformi e sistemi di meccanica classica delle particelle con un dato numero di dimensioni,[15] che non si possono considerare strutture del primo ordine (cioè, modelli nel senso usuale). Ma rimandiamo la discussione di queste questioni a un'altra occasione.

D'altra parte, è possibile immaginare un approccio che abbia un carattere più restrittivo piuttosto che meno restrittivo del nostro. Avremmo potuto imporre qualche condizione di stratificazione sulle formule $t = u$ e $t \eta v$, dove t, u, v sono variabili; per esempio, che t e u abbiano lo stesso tipo, e che il tipo di v sia maggiore di un'unità. Tuttavia, sembra preferibile non imporre tali restrizioni; esse non porterebbero ad alcuna semplificazione del problema dell'interpretazione di formule di ordine superiore, ma soltanto ad una notevole riduzione del potere espressivo.

[15] Quest'ultima espressione è usata nel senso di McKinsey, Sugar e Suppes [5].

Negli esempi considerati in precedenza, un *modello* (o *modello possibile*) era definito come una successione, e la posizione nella successione determinava la corrispondenza intesa fra interpretazione e simboli da interpretare, i quali erano dati anch'essi sotto forma di una successione. In generale è più conveniente stabilire questa corrispondenza direttamente, per mezzo di una funzione. Perciò, intenderemo ora per *modello* una coppia ordinata $\langle A, F\rangle$ tale che (1) A è un insieme non vuoto, (2) F è una funzione il cui dominio è un insieme di predicati e di simboli di operazione, (3) se π è un predicato ad n posti nel dominio di F, $F(\pi)$ è una relazione ad n posti su A (cioè un insieme di n-ple ordinate di elementi di A), e (4) se δ è un simbolo di operazione a n posti nel dominio di F, $F(\delta)$ è una relazione ad $n + 1$ posti su A tale che, per ogni $x_0, ..., x_{n-1}$ in A, esiste esattamente un y tale che la $(n + 1)$-pla $\langle x_0, ..., x_{n-1}, y\rangle$ è in $F(\delta)$.

Due modelli $\langle A, F\rangle$ e $\langle B, G\rangle$ si dicono *isomorfi* se (1) F e G hanno lo stesso dominio, e (2) c'è una funzione biunivoca h tale che (i) A è il dominio di h, (ii) B è il codominio di h, e (iii) se π è un predicato a n posti o un simbolo di operazione a n—1 posti nel dominio di F, e $a_0, ..., a_{n-1}$ sono in A, si ha:

$$\langle a_0, ..., a_{n-1}\rangle \in F(\pi) \text{ se e solo se } \langle h(a_0), ..., h(a_{n-1})\rangle \in G(\pi).$$

Sia ora $\langle A, F\rangle$ un modello e ϕ un enunciato di ordine superiore (cioè una formula di ordine superiore priva di variabili libere) che non contiene predicati o simboli di operazione oltre a quelli nel dominio di F. Nel caso che A sia un insieme di individui, è ovvio come caratterizzare la verità (nel modello $\langle A, F\rangle$): ϕ si dirà *vero in* $\langle A, F\rangle$ se ϕ è vero quando (1) ogni predicato o simbolo di operazione π che compare in ϕ viene considerato come denotante $F(\pi)$, (2) per ogni ordinale α le variabili di ϕ di tipo α sono considerate come varianti sull'insieme $T_A(\alpha)$, (3) $=$ è interpretato come la relazione di identità, e (4) η è interpretato come la relazione di appartenenza.[16]

Dunque i tipi vengono considerati cumulativi; un esame dei tipi transfiniti mostrerebbe abbastanza chiaramente l'opportunità di questa scelta. Inoltre, la scelta fra tipi cumulativi e tipi non cumulativi non ha alcun effetto sulla verità di formule del secondo ordine che soddisfano le consuete condizioni di stratificazione. In particolare, sia ϕ un enunciato di ordine superiore tale che (1) se $u = v$ è una sottoformula di ϕ,

[16] In questa definizione viene usata una nozione intuitiva di verità che tuttavia potrebbe essere definita rigorosamente con i metodi dovuti a Tarski ed ora ben noti; si veda, per esempio, Tarski e Vaught [12].

sia u che v sono termini individuali, e (2) se $u \eta v$ è una sottoformula di ϕ, u è un termine individuale e v è una variabile di tipo 1. Inoltre, supponiamo che $\langle A, F\rangle$ sia un modello, A un insieme di individui, e il dominio di F contenga tutti i predicati e i simboli di operazione che compaiono in ϕ. Allora ϕ è vero in $\langle A, F\rangle$ nel senso precedente, cioè quando le variabili di tipo 1 variano sull'unione di A e dell'insieme di tutti i sottoinsiemi di A, se e solo se ϕ è vero in $\langle A, F\rangle$ nel senso non cumulativo, cioè quando le variabili di tipo 1 variano solo sull'insieme di tutti i sottoinsiemi di A.

Se tentassimo di estendere la definizione precedente al caso in cui A può contenere non-individui, incontreremmo delle difficoltà; in effetti si potrebbero trovare dei modelli isoformi tra loro ma i cui enunciati veri differiscono. Siano $\mathfrak{A}$ e $\mathfrak{B}$ modelli isomorfi, rispettivamente della forma $\langle\{\Lambda\}, F\rangle$ e $\langle\{\{T(\omega)\}\}, G\rangle$ (dove $\{x\}$ è in generale l'insieme il cui unico elemento è x); u, v, w variabili rispettivamente di tipo $\omega + 1$, $\omega + 1$, e ω; e ϕ l'enunciato $\bigvee u \bigvee v\ [\neg\, u = v \wedge \bigwedge w \neg\, w\, \eta\, u \wedge \bigwedge w \neg\, w\, \eta\, v]$. Allora, applicando in questo caso la definizione precedente, ϕ sarebbe vero in $\mathfrak{B}$ ma non in $\mathfrak{A}$. Si potrebbero trovare degli esempi più semplici, ma l'esempio precedente ha in più il vantaggio di mostrare che non si può migliorare la situazione né imponendo condizioni di stratificazione né ritornando a una gerarchia non-cumulativa dei tipi.

La difficoltà è essenzialmente la seguente. Se A contiene non-individui, in un modello $\langle A, F\rangle$ saranno veri (in base alla precedente definizione) alcuni enunciati che non sarebbero veri se A contenesse soltanto individui. Tuttavia, una definizione corretta di verità dovrebbe trattare gli elementi di A *come se* fossero individui. In altre parole un enunciato di ordine superiore ϕ dovrebbe essere considerato vero in $\langle A, F\rangle$ se e solo se ϕ *sarebbe vero* in base alla definizione precedente se A *fosse* un insieme di individui. Questo criterio non può certo essere usato come una definizione perché contiene un 'se' con un imperfetto congiuntivo.

Supponiamo però che A abbia la stessa cardinalità di un insieme di individui. Allora il 'se' con l'imperfetto congiuntivo può essere parafrasato in termini intellegibili. Se F è tale che $\langle A, F\rangle$ è un modello e ϕ è un enunciato di ordine superiore che non contiene predicati o simboli di operazioni oltre quelli che sono nel dominio di F, allora ϕ può essere considerato *vero in* $\langle A, F\rangle$ se esiste un modello $\langle B, G\rangle$ isomorfo ad $\langle A, F\rangle$ tale che B è un insieme di individui e ϕ è vero in $\langle B, G\rangle$ nel senso precedente.

Ora, questa definizione sarebbe adeguata in tutti i casi se assumessimo che i nostri individui sono inesauribili, in altre parole, se assumessimo che, per ogni numero cardinale, esiste un insieme di individui avente quel numero cardinale. Sarebbe senz'altro possibile aggiungere un tale assioma alla nostra metateoria. In questo modo tuttavia avremmo una metateoria innaturale, non matematica e non filosofica. È innaturale in vista di certe considerazioni di teoria dei modelli che mettono in rilievo la preferibilità dell'assunzione incompatibile che gli individui costituiscano un insieme; non è né matematica né filosofica perché né la matematica né la filosofia dovrebbero fondarsi su assunzioni dubbie intorno a questioni verosimilmente così contingenti come la cardinalità dell'insieme degli individui. Ad ogni modo, si può dare una definizione di verità che è adeguata in tutti i casi e la cui adeguatezza non dipende da alcuna di tali assunzioni. In effetti, la definizione può essere utilizzata anche in una metateoria contenente l'assunzione che non esistono individui; tale teoria sarebbe equivalente all'ordinaria teoria degli insiemi di Zermelo-Fraenkel. La definizione utilizza la nozione di struttura standard dei tipi che, come si ricorderà, si fonda a sua volta sul sistema che abbiamo chiamato teoria degli insiemi del secondo ordine senza ranghi con individui.

La definizione generale è la seguente. Sia $\langle A, F\rangle$ un modello qualsiasi e ϕ un enunciato di ordine superiore che non contiene predicati né simboli di operazione oltre a quelli del dominio di F. Diciamo che ϕ è *vero in* $\langle A, F\rangle$ se e solo se esiste una struttura dei tipi $\mathfrak{B}$ tale che (1) $\tau_{\mathfrak{B}}(0) = A$, (2) tutte le variabili che compaiono in ϕ hanno tipo al massimo uguale al rango di $\mathfrak{B}$ e (3) ϕ è vero quando (i) ogni predicato o simbolo di operazione che compare in ϕ è considerato come denotante $F(\pi)$, (ii) per ogni ordinale α, le variabili di ϕ di tipo α sono considerate come varianti sull'insieme $\tau_{\mathfrak{B}}(\alpha)$, (iii) $=$ è interpretato come la relazione di identità, e (iv) η è interpretato come la relazione R, dove $\mathfrak{B}$ ha la forma $\langle B, R, C\rangle$ (per qualche B e C).

Come prova parziale dell'adeguatezza di questa definizione, possiamo citare la dimostrabilità nella nostra metateoria dei due fatti seguenti. Se A è un insieme di individui, allora ϕ è vero in $\langle A, F\rangle$ (in base alla presente definizione) se e solo se ϕ è vero in $\langle A, F\rangle$ in base alla prima definizione data in precedenza. Se A ha la stessa cardinalità di un insieme di individui, allora ϕ è vero in $\langle A, F\rangle$ se e solo se ϕ è vero in $\langle A, F\rangle$ in base alla seconda definizione data in precedenza.

Possiamo ora caratterizzare come *logicamente vero* un enunciato ϕ di ordine superiore se ϕ è vero in ogni modello $\langle A, F\rangle$ tale che tutti i predicati e i simboli di operazioni che compaiono in ϕ sono nel dominio di F. Per l'adeguatezza intuitiva di questa definizione ovviamente è essenziale ammettere modelli in cui A ha una cardinalità qualsiasi, altrimenti fatti puramente contingenti concernenti il numero degli individui si rifletterebbero sulle verità logiche. È principalmente per questa ragione che abbiamo considerato importante ottenere una definizione di verità applicabile a *tutti* i modelli.

Alcuni risultati concernenti gli enunciati di ordine superiore logicamente veri si posono trovare in Montague [6]. Tuttavia possiamo esaminare qui una relazione semplice ma probabilmente illuminante fra dimostrabilità insiemistica e verità logica.

Sia ϕ un enunciato della teoria degli insiemi di Zermelo-Fraenkel con individui (che perciò contiene soltanto variabili di tipo 0), e sia α un ordinale. Chiameremo *α-correlato* di ϕ una formula ottenuta da ϕ (1) sostituendo ε con η, (2) sostituendo biunivocamente tutte le variabili di ϕ con variabili di tipo α e (3) sostituendo infine ogni sottoformula Σv, dove v è ora una variabile di tipo α, con $\neg \bigvee u\, u = v$, dove u è una variabile di tipo 0. Se ϕ è un teorema della teoria degli insiemi del primo ordine senza ranghi con individui e α è un ordinale qualsiasi, allora ogni α-correlato di ϕ è logicamente vero; se ϕ è un teorema della teoria degli insiemi di Zermelo-Fraenkel con individui e α è un ordinale fortemente inaccessibile maggiore di ω, allora ogni α-correlato di ϕ è anch'esso logicamente vero.

Questa circostanza — la possibilità di giustificare la teoria degli insiemi con individui in termini di verità logica — in combinazione col fatto che nessuna giustificazione del genere può essere data nel caso della teoria degli insiemi senza individui, viene proposta come parziale giustificazione dell'affermazione precedente secondo cui la prima è la forma filosoficamente più interessante di teoria degli insiemi.

THORALF SKOLEM

Osservazioni
sulla fondazione assiomatica
della teoria degli insiemi

[*Questo articolo è il testo di una conferenza tenuta al 5° Congresso dei Matematici Scandinavi, che si svolse ad Helsinki nei giorni 4-7 agosto 1922. Esso tratta di varie questioni relative all'assiomatizzazione della teoria degli insiemi, e consta di otto punti di diverso interesse. Tra questi i punti 3, 4 e 6 sono soprattutto rilevanti ai fini delle discussioni di questo volume.*

Nel punto 3, dopo aver fornito una nuova dimostrazione del teorema di Löwenheim, Skolem fa uso del teorema per dimostrare che ogni assiomatizzazione del primo ordine della teoria degli insiemi, per esempio quella basata su una versione del primo ordine degli assiomi originari di Zermelo, ammette un modello numerabile tutti i cui elementi sono al più numerabili. Questo risultato produce una situazione 'paradossale'. Se x *è un insieme infinito (la cui esistenza è assicurata dall'assioma dell'infinito), per l'assioma dell'insieme potenza c'è un insieme* y *che contiene come elementi tutti i sottoinsiemi di* x, *e per il teorema di Cantor (una conseguenza degli assiomi di Zermelo) non esiste una corrispondenza biunivoca tra* x *e* y, *quindi* y *non è numerabile. Ma il modello numerabile degli assiomi di Zermelo, dato dal teorema di Löwenheim, contiene tanto* x *quanto* y *come elementi. Si ha dunque una contraddizione* (paradosso di Skolem).

La spiegazione di tale situazione, proposta da Skolem, è che essa nasce dall'attribuire un carattere 'assoluto' alle nozioni insiemistiche. Nel modello numerabile y *non è l'insieme di tutti i sottoinsiemi di* x, *ma solo l'insieme di tutti i sottoinsiemi di* x *che appartengono al modello. Poiché* x *e* y, *in quanto elementi del modello, sono entrambi numerabili, esisterà una corrispondenza biunivoca tra di essi, ma tale corrispondenza non può essere a sua volta un membro del modello numerabile poiché il teorema di Cantor vale in ogni modello degli assiomi di Zermelo, quindi anche nel modello numerabile. Si conclude, perciò che in quest'ultimo non esiste una corrispondenza biunivoca tra* x *e* y, *cioè* y *non è numerabile nel modello. La spiegazione dimostra che occorre distinguere tra due differenti nozioni: la cardinalità (assoluta) degli insiemi* x *e* y *e la loro cardinalità nel modello numerabile. Una analoga relativizzazione è necessaria anche per tutte le altre nozioni insiemistiche. Le nozioni assolute, che danno luogo al paradosso, sono illecite. Solo le nozioni relativizzate ad un qualche modello degli assiomi di Zermelo hanno senso.*

Ci sono due aspetti di questa spiegazione che vale la pena di discutere. Anzitutto, assegnando un ruolo privilegiato alle assiomatizzazioni del primo ordine, essa considera la loro inadeguatezza come una refutazione *del platonismo. Cioè, l'argomentazione ha la forma: poichè le assiomatizzazioni del primo ordine non permettono di caratterizzare univocamente le nozioni insiemistiche, non esistono nozioni assolute, cioè non esiste una nozione intuitiva privilegiata di insieme, come quella data (in seguito) da Zermelo con la sua gerarchia cumulativa dei tipi. Questa conclusione, però, è ingiustificata poichè, in primo luogo, dal punto di vista (platonista) di Zermelo gli assiomi sono semplici descrizioni di una nozione intuitiva, e l'impossibilità di una caratterizzazione univoca in un linguaggio relativamente povero come è quello della logica dei predicati del primo ordine non è affatto sorprendente. (Una caratterizzazione univoca è possibile, come si è visto, se si adopera un linguaggio del secondo ordine). In secondo luogo la conclusione trascura il fatto che, dal punto di vista di Zermelo, le assiomatizzazioni del primo ordine non svolgono alcun ruolo privilegiato perché tanto la nozione di conseguenza del primo ordine quanto quella di conseguenza di ordine superiore sono definite in termini delle stesse nozioni insiemistiche fondamentali.*

C'è però un'utilizzazione più positiva della spiegazione di Skolem, che consiste nel rinunziare a vedere nella relatività insiemistica una refutazione del platonismo, la concezione astratta. *In tale concezione gli assiomi di Zermelo non descrivono più una nozione intuitiva privilegiata di insieme, ma viceversa la nozione di insieme* è definita implicitamente *dagli assiomi. Per usare le parole di Skolem, "gli insiemi non sono altro che oggetti connessi tra loro mediante certe relazioni espresse dagli assiomi". Sui limiti filosofici di questa concezione cfr.* [Ce2]. *Discussioni recenti del paradosso di Skolem si possono trovare in* [Re1], [Re2], [Th], [Ce1].

Il punto 4 tratta la questione degli assiomi forti dell'infinito. Gli assiomi di Zermelo non permettono di dimostrare l'esistenza di certi 'grandi' insiemi, come $\{Z_0, Z_1, Z_2, \ldots\}$, *dove* Z_0 *è l'insieme dei numeri naturali e, per ogni i,* Z_{i+1} *è l'insieme di tutti i sottoinsiemi di* Z_i. *Il rimedio proposto da Skolem (contemporaneamente a Fraenkel) consiste nell'estendere gli assiomi di Zermelo con un nuovo assioma, l'assioma di rimpiazzamento. Sul tema generale degli assiomi forti dell'infinito cfr.* [Go2].

Nel punto 6, infine, Skolem tratta la questione della non categoricità degli assiomi di Zermelo, definendo vari modelli degli assiomi che sono sottoinsiemi di un modello iniziale B. Nella nota 9 egli suggerisce che, a causa di tale non categoricità, gli assiomi di Zermelo possono risultare inadeguati per risolvere tutte le questioni relative alla cardinalità degli insiemi, e in particolare l'ipotesi del continuo, come sarebbe poi stato dimostrato da Cohen].

Nella sua formulazione originaria, la teoria degli insiemi ha dato luogo, com'è noto, a certe contraddizioni (antinomie) di cui nessuno finora è riuscito a dare una spiegazione universalmente accettata. Per salvare la teoria degli insiemi si è tentato perciò di svilupparla mediante certe assunzioni fondamentali o assiomi, in modo che la parte presumibilmente corretta e utile risultasse ancora dimostrabile ma si evitasse quella contradditoria.

Finora, per quel che ne so, solo *uno* di questi sistemi assiomatici ha riscosso la quasi generale approvazione, cioè quello ideato da Zermelo [1]. Anche Russell e Whitehead hanno ideato un sistema logico che fornisce una fondazione assiomatica alla teoria degli insiemi, ma se non sbaglio esso ha suscitato scarso interesse tra i matematici. Pertanto qui mi occuperò quasi esclusivamente dell'assiomatizzazione di Zermelo, e toccherò quella di Russell e Whitehead in un punto solo, per quanto abbastanza importante.

Zermelo considera un dominio B di oggetti comprendente gli insiemi; fra gli oggetti sussistono delle relazioni della forma $a \in b$ (a è elemento di b) e $a = b$.[1] In tale dominio devono essere soddisfatti sette assiomi (per i quali rimando senz'altro all'articolo citato di Zermelo). Per gli assiomi mantengo la numerazione e la notazione usate da Zermelo.

In questa comunicazione discuterò i seguenti otto punti:

1. Il fatto caratteristico che per poter trattare degli 'insiemi' si debba partire da 'domini' di un certo tipo.

2. Una auspicabile precisazione della nozione zermeliana di 'proposizione definita'.

3. La relatività delle nozioni insiemistiche, inevitabile in qualsiasi assiomatizzazione totale.

[1] Se tutti gli oggetti del dominio sono insiemi, mediante l'assioma di estensionalità si può ridurre questa relazione alla relazione $a \in b$. Cioè, se a e b sono insiemi, si ha (v. le definizioni di cui al punto 2):

$$a = b \text{ ha lo stesso significato di } \prod_i (\overline{(i \in a)} + (i \in b))\ ((i \in a) + \overline{(i \in b)}).$$

4. L'insufficienza del sistema assiomatico di Zermelo a fondare la consueta teoria degli insiemi.

5. Le difficoltà causate dalle clausole impredicative quando si vuole dimostrare la coerenza degli assiomi.

6. La non unicità [*Mehrdeutigkeit*] del dominio *B*.

7. La necessità dell'induzione completa per lo studio logico di sistemi assiomatici astratti.

8. Un'osservazione sul principio di scelta.

1. A rigore, se si adotta l'assiomatizzazione di Zermelo, per poter fornire un fondamento alla teoria degli insiemi si deve avere una nozione generale di dominio. In definitiva, l'intero contenuto della teoria si riduce a questo: in ogni dominio in cui sono validi gli assiomi, sono anche validi i teoremi insiemistici che ne seguono. È chiaro, però, che c'è una certa circolarità nel ridurre la nozione di insieme alla nozione generale di dominio. Se si rispondesse che ciò che occorre è solo la nozione del particolare dominio *B*, e non una nozione generale di 'dominio', si potrebbe senz'altro applicare lo stesso argomento anche agli insiemi; così, data una proposizione relativa a un dato insieme non specificato, si potrebbe dire: non è necessaria una nozione generale di insieme, ma solo l'idea di un particolare insieme che si assume come dato.

Va notato, tra l'altro, che il dominio *B* non è determinato univocamente dagli assiomi (v. punto 6). Inoltre, da quanto segue apparirà chiaro che non si possono intraprendere delle ricerche logiche su tali domini senza applicare anche ad essi in certa misura delle considerazioni insiemistiche, ammesso che si voglia seguire il metodo puramente insiemistico, evitando di collocare la nozione di numero tra quelle fondamentali.

Sembra inoltre chiaro che la teoria degli insiemi, ove abbia ricevuto un tale fondamento assiomatico, non può essere più considerata una teoria logica privilegiata; essa si pone quindi sullo stesso piano delle altre teorie assiomatiche.

2. Un punto assai difettoso in Zermelo è la nozione di 'proposizione definita'. Nessuno, probabilmente, troverà soddisfacenti le sue spiegazioni al riguardo. Per quanto ne so, nessuno ha tentato di formulare con precisione tale nozione: ciò è molto strano, perché c'è una formulazione molto semplice e del tutto naturale che si suggerisce immediatamente da sé. Per chiarire questo punto (anche in vista delle successive considerazioni) elencherò le cinque operazioni fondamentali della logica matematica, nella notazione di Schröder [2]:

($1_\times$) La congiunzione, indicata con un punto o con la giustapposizione;

(1_+) La disgiunzione, indicata col segno $+$;

(2) La negazione, indicata con un tratto posto sopra la espressione da negare;

($3_\times$) Il quantificatore universale, indicato col segno Π;

(3_+) Il quantificatore esistenziale, indicato col segno Σ.

Come è noto, in realtà sono necessarie solo tre di queste cinque operazioni, poiché tanto ($1_\times$) e (1_+), quanto ($3_\times$) e (3_+), sono definibili l'una in termini dell'altra mediante (2).

Per 'proposizione definita' intendiamo un'espressione finita costruita mediante le cinque operazioni citate, a partire da proposizioni elementari della forma $a \in b$ o $a = b$. Questa nozione è del tutto chiara, ed è l'unica abbastanza comprensiva da permetterci di eseguire tutte le consuete dimostrazioni insiemistiche. Pertanto assumerò come fondamentale tale concezione.

3. Questo terzo punto è il più importante: *se gli assiomi sono coerenti, esiste un dominio B in cui gli assiomi sono validi e i cui elementi possono essere tutti enumerati mediante gli interi positivi finiti.*

Per dimostrare tale punto prima di tutto devo spiegare un teorema dimostrato da Löwenheim [3]. *Per proposizione del primo ordine* [*Zählaussage*] (il termine usato la Löwenheim è 'espressione del primo ordine' [*Zählausdruck*]) si intende una espressione finita costruita a partire da coefficienti di classe e coefficenti di relazione nel senso di Schröder [2] (vol. III) mediante le cinque operazioni logiche citate. Il teorema di Löwenheim suona allora così:

Se in generale una proposizione del primo ordine è soddisfatta in un qualche dominio, essa è già soddisfatta in un dominio infinito numerabile.

La dimostrazione di Löwenheim è inutilmente complicata, e inoltre la complessità è abbastanza essenziale per la sua argomentazione. Difatti per sviluppare somme o prodotti logici infiniti adopera degli indici, ottenendo così espressioni logiche contenenti un'infinità non numerabile di termini. Dunque egli è costretto a fare, per così dire, una deviazione nel non numerabile. Per questa ragione in un lavoro precedente [4] ho dato una dimostrazione semplificata del teorema di Löwenheim, oltre ad alcune sue generalizzazioni. Una generalizzazione che qui ci interessa è questa:

Sia data una successione infinita $U_1, U_2, \ldots$ di proposizioni del primo ordine enumerate mediante gli interi; ora, se è coerente assumere che tutte queste proposizioni valgono simultaneamente, esse possono essere *tutte simultaneamente soddisfatte dalla successione infinita degli interi positivi* 1, 2, 3, ... *mediante un'opportuna determinazione dei simboli di classe e di relazione che occorrono nelle proposizioni.*

Ho dimostrato questi teoremi formando un'intersezione e usando il principio di scelta. L'intersezione può essere subito evitata usando una definizione ricorsiva; ma qui, poiché siamo impegnati in un'indagine sui fondamenti della teoria degli insiemi, sarebbe opportuno evitare anche il principio di scelta. Indicherò ora molto brevemente come sia possibile. Inoltre dalla dimostrazione apparirà chiaro che il contenuto di questi teoremi è comprensibile indipendentemente da nozioni insiemistiche generali.

Mi occuperò qui solo della dimostrazione del teorema di Löwenheim, dato che se ne può facilmente ricavare una dimostrazione analoga per la generalizzazione citata.

Come ho dimostrato in [4], ogni proposizione del primo ordine può essere messa in una forma che ho chiamata *forma normale*, purché si definiscano delle classi e relazioni ausiliarie. Una proposizione del primo ordine in forma normale ha la struttura seguente:

$$\prod_{x_1} \prod_{x_2} \ldots \prod_{x_m} \sum_{y_1} \sum_{y_2} \ldots \sum_{y_n} U_{x_1,\ldots,x_m,\, y_1,\ldots,y_n}$$

dove $U_{x_1,\ldots,x_m,\, y_1,\ldots,y_n}$ è una proposizione costruita mediante le prime tre operazioni logiche sopra citate a partire da simboli di classe e simboli di relazione (coefficienti di classe e coefficienti di relazione nel senso di Schröder). Sia data dunque una tale proposizione del primo ordine in forma normale, e si supponga che sia coerente.

La dimostrazione consiste di una successione infinita di passi. Come primo passo si prende $x_1 = x_2 = \ldots x_m = 1$. Si possono scegliere allora $y_1, \ldots, y_n$ tra i numeri 1, 2,... $n + 1$ in modo tale che $U_{x_1,\ldots,x_m,\, y_1,\ldots,y_n}$ è soddisfatta. Si ottengono così una o più soluzioni del primo passo, cioè delle assegnazioni che determinano le classi e le relazioni in modo tale che $U_{x_1,\ldots,x_m,\, y_1,\ldots,y_n}$ è soddisfatta. Il secondo passo consiste nello scegliere, per $x_1,\ldots x_m$, ogni permutazione con ripetizioni degli $n + 1$ numeri 1, 2, ..., $n + 1$ presi m alla volta, tranne la permutazione 1, 1, ..., 1, già considerata nel primo passo. Per almeno una delle soluzioni ottenute nel primo passo, allora, si potranno scegliere $y_1,\ldots,y_n$, per ognuna di quelle $(n + 1)^m - 1$ permutazioni, tra i numeri 1, 2,..., $n + 1 + n((n + 1)^m - 1)$ in modo tale che, per ogni permutazione $x_1,\ldots,x_m$ del segmento 1, 2,..., $n + 1$ della successione numerica, vale la proposizione $U_{x_1,\ldots,x_m,\, y_1,\ldots,y_n}$ per una scelta corrispondente di $y_1,\ldots, y_n$ nel segmento 1, 2,..., $n + 1 + n((n + 1)^m - 1)$. Da certe soluzioni raggiunte nel primo passo si ottengono dunque certe continuazioni che costituiscono le soluzioni del secondo passo, e se la data proposizione del primo ordine è coerente si può proseguire indefinitamente il procedimento.

Ora, per ottenere una soluzione univocamente determinata per l'intera successione dei numeri, si deve essere in grado di scegliere un'unica soluzione tra tutte quelle ottenute ad un dato passo. Per raggiungere questo risultato, si può prendere sempre la prima delle soluzioni ottenute ad ogni passo ordinate in una successione nel modo seguente.

I coefficienti di relazione che compaiono nella data proposizione del primo ordine possono essere ordinati linearmente, in modo che quelli formati nel segmento $1, 2, \ldots, n$ della successione numerica precedano tutti i nuovi coefficienti di relazione formati nel segmento $1, 2, \ldots, n+1$. Per due qualsiasi soluzioni differenti L e L' ad un dato passo, scriviamo $L < L'$ se e solo se $R_{ij\ldots}$ è uguale a 0 in L ed è uguale a 1 in L', dove $R_{ij\ldots}$ è il primo coefficiente di relazione che ha valori differenti in L e L'.[2] Da $L < L'$ e $L' < L''$ segue allora che $L < L''$; si vede anche facilmente che per due soluzioni L_n e L'_n dell'n-esimo passo che sono rispettivamente le continuazioni delle soluzioni L_ν e L'_ν del ν-esimo passo, $L_n < L'_n$ implica $L_\nu \leqq L'_\nu$.

Siano $L_{1,n}, L_{2,n}, \ldots, L_{e_n,n}$ le soluzioni dell'n-esimo passo. Se si forma la successione $L_{1,1}, L_{1,2}, \ldots$ delle prime soluzioni, si può verificare senza difficoltà che queste convergono nel senso logico. Sia infatti, $L_{1,n}$ una continuazione $L_{a^n_\nu}$ $(n > \nu)$. Allora se $n' > n$, si ha $a^n_\nu \leqq a^{n}_{\nu}{}'$. Ma poiché il numero a^n_ν può assumere solo valori da 1 a e_ν, esso deve diventare costante per n sufficientemente grande. Si ottiene quindi come 'limite' il fatto che la proposizione del primo ordine è soddisfatta nel dominio dell'intera successione numerica. Q. e. d.

Ora, la generalizzazione del teorema di Löwenheim può essere applicata nel nostro caso, cioè al sistema assiomatico di Zermelo, nel modo seguente.

Le proposizioni definite del primo ordine possono essere enumerate in base alla loro forma mediante gli interi positivi. Infatti è possibile ordinarle secondo il numero dei simboli per insiemi che compaiono in esse e per un dato numero di simboli esiste solo un numero finito di proposizioni, che possiamo pensare come ordinate a loro volta secondo qualche regola. Pertanto si può sostituire l'assioma III (assioma di separazione) con una successione infinita di assiomi più semplici (che, come gli altri assiomi di Zermelo, sono proposizioni del primo ordine nel senso di Löwenheim) contenenti le due relazioni binarie ϵ e $=$. Pos-

[2] Qui 0 e 1 sono i valori delle proposizioni usati da Schröder; 0 significa 'falso' e 1 significa 'vero'.

siamo allora concludere: *se il sistema assiomatico di Zermelo così precisato è coerente, si deve poter introdurre una successione infinita di simboli* 1, 2, 3, ..., *in modo tale che essi costituiscano un dominio B in cui sono validi tutti gli assiomi di Zermelo, purché tali simboli siano opportunamente raggruppati in coppie della forma* $a \in b$.

Ciò va inteso nel modo seguente: uno dei simboli 1, 2, 3... sarà l'insieme vuoto (tale, cioè, che nessuno dei rimanenti simboli sta nella relazione $\in$ con esso); se *a* è un simbolo, anche $\{a\}$ è un simbolo;[3] se *M* è un simbolo, *UM, SM* e *DM* sono simboli;[4] e così via.

Per quanto ne so, nessuno ha richiamato l'attenzione su questa situazione caratteristica e apparentemente paradossale. In base agli assiomi si può dimostrare l'esistenza di cardinalità superiori, di classi di numeri di ordine superiore e così via. Come è possibile, allora, che l'intero dominio *B* sia già enumerabile mediante gli interi positivi finiti? La spiegazione non è difficile. Nell'assiomatizzazione, 'insieme' non significa una collezione comunque definita; gli insiemi non sono altro che oggetti connessi tra loro mediante certe relazioni espresse dagli assiomi. Non è affatto contraddittorio, dunque, che un insieme *M* del dominio *B* sia non numerabile nel senso dell'assiomatizzazione; ciò significa semplicemente che *in B* non esiste un'applicazione biunivoca Φ di *M* su Z_0 (la successione numerica di Zermelo). Esiste tuttavia la possibilità di enumerare tutti gli oggetti di *B*, e quindi anche gli elementi di *M*, mediante gli interi positivi. Naturalmente questa enumerazione è anch'essa una collezione di certe coppie, che però non è un 'insieme', cioè non compare nel dominio *B*. È altresì chiaro che l'insieme UZ_0 non può contenere come elementi parti arbitrariamente definibili dell'insieme Z_0. Infatti, poiché gli elementi di UZ_0 sono compresi tra gli oggetti del dominio *B*, è possibile enumerarli con gli interi positivi, esattamente come gli elementi della successione numerica di Zermelo Z_0; si può allora *definire*, nel modo ben noto, una nuova parte di Z_0, ma tale parte non sarà un insieme, cioè non apparterrà a *B*.

Nella teoria assiomatica degli insiemi perfino le nozioni di 'finito', 'infinito', 'successione infinita semplice' eccetera sono puramente relative. Secondo la definizione di Dedekind, un insieme *M* è finito se non è equivalente ad un suo sottoinsieme proprio. Ma la validità degli assiomi non esclude che si possano definire 1) parti di *M* che non sono sottoinsiemi, e 2) corrispondenze che non sono applicazioni, cioè che non sono 'insiemi' di coppie. Pertanto è senz'altro possibile che entro un

[3] $\{a\}$ è l'insieme che contiene *a* e solo *a* come elemento.

[4] *UM, SM* e *DM* sono, rispettivamente, l'insieme potenza, l'insieme unione e l'insieme intersezione di *M*.

dominio B in cui valgono gli assiomi di Zermelo esistano insiemi che sono 'finiti' nel senso di Dedekind e per i quali esistono applicazioni biunivoche su una loro parte propria; tali 'applicazioni', però non sono insiemi del dominio.

Analogamente, le nozioni di 'successione infinita semplice', e di 'catena' di Dedekind, hanno solo un significato relativo. Se Z è un insieme che soddisfa la proprietà espressa dall'assioma VII, la successione numerica di Zermelo Z_0 si definisce come l'intersezione di tutti i sottoinsiemi di Z aventi tale proprietà (della catena). Ma essere un sottoinsieme di Z non significa essere definibile in qualche modo, e non si può escludere a priori la possibilità che esistano due diversi domini di Zermelo B e B', per i quali si abbiano differenti Z_0.

Queste particolari relatività potrebbero essere facilmente illustrate più in dettaglio nel caso di sistemi assiomatici più semplici; ma non posso approfondire l'argomento per non rendere troppo prolissa questa comunicazione.

In conclusione: *l'assiomatizzazione della teoria degli insiemi conduce alla relatività della nozione di insieme, e tale relatività è inseparabilmente legata ad ogni assiomatizzazione totale.*

La relatività è dovuta al fatto che 'essere un oggetto di B' ha un significato diverso e molto più limitato di 'essere definibile in qualche modo'. Che tale relatività sia inseparabilmente legata ad ogni assiomatizzazione coerente risulta chiaramente dai citati teoremi generali della logica matematica. Per ottenere oggetti non numerabili in senso assoluto si dovrebbe disporre o di un'infinità di assiomi non numerabili in senso assoluto, oppure di un assioma che producesse un'infinità di proposizioni del primo ordine non numerabile in senso assoluto; ma ciò comporterebbe costantemente una circolarità nell'introduzione di infinità superiori: cioè, *su un fondamento assiomatico, le infinità superiori esistono solo in senso relativo.*

Con un'opportuna base assiomatica, dunque, si può far sì che i teoremi della teoria degli insiemi valgano in un senso puramente *verbale* (data per ipotesi, naturalmente, la coerenza dell'assiomatizzazione); ma ciò dipende semplicemente dal fatto che l'uso del termine 'insieme' è stato regolato in modo opportuno.

Si possono sempre definire collezioni che non possono essere chiamate insiemi; se le si chiamasse insiemi i teoremi della teoria degli insiemi cesserebbero di essere validi.

4. È facile dimostrare che il sistema assiomatico di Zermelo non fornisce una fondazione completa della consueta teoria degli insiemi. Mostrerò, per esempio, che, dato un insieme qualsiasi M, non si può dimo-

strare che M, UM, U^2M,..., e così via all'infinito formano un 'insieme'. A questo scopo introduciamo la nozione di 'livello' [*Stufe*] di un'insieme. Insiemi del tipo di 0, $\{0\}$, $\{\{0\}\}$, $\{0, \{0\}\}$, ... si dicono insiemi del primo livello; essi sono caratterizzati dal fatto che esiste un intero n non negativo tale che $S^nM = 0$.[5] L'insieme Z_0 (la successione numerica di Zermelo) costituisce già un esempio di insieme che non è del primo livello, poiché, per ogni n,$S^nZ_0 = Z_0$. Per insieme del secondo livello si intende un insieme M che non è del primo livello e per cui esiste un intero non negativo n tale che tutti gli elementi di S^nM sono insiemi del primo livello. Z_0 è dunque un insieme del secondo livello. Analogamente si definiscono insiemi del terzo, del quarto e dei successivi livelli. Non è necessario discutere se a ogni insieme è associato un livello.

Sia dato ora un dominio B in cui valgono gli assiomi. Gli insiemi del primo o del secondo livello in B formano un dominio parziale B', ed è facile vedere che gli assiomi devono valere anche in B'. L'insieme Z_0 appartiene a B'; ora, se la successione infinita Z_0, UZ_0, U^2Z_0, ... costituisse un insieme M in B' evidentemente M non sarebbe del secondo livello ma del terzo, e un insieme di questo tipo non compare in B'. Infatti è evidente che, per ogni n, S^nM contiene come elemento l'insieme Z_0. Gli insiemi Z_0, UZ_0, U^2Z_0,..., quindi, non costituiscono gli elementi di un insieme di B', anche se gli assiomi di Zermelo valgono in B': cioè l'esistenza di un insieme del genere non è dimostrabile.

Per ovviare a questo difetto del sistema assiomatico si può introdurre il seguente assioma: *sia U una proposizione definita che vale per certe coppie (a, b) del dominio B; si supponga inoltre che, per ogni a, esista almeno un b tale che U è vera. Allora, quando a varia sugli elementi di un insieme M_a, b varia su tutti gli elementi di un insieme M_b.*

Naturalmente l'aggiunta di tale assioma non cambia niente per quanto riguarda la relatività di cui si è parlato.[6]

[5] S^nM è l'n-esima unione; poiché $S^{n+1}M = S(S^nM)$, SM è la (prima) unione associata a M, e $S^0M = M$.

[6] Che tale assioma sia effettivamente sufficiente per la dimostrazione dell'esistenza di insiemi del tipo citato, si può vedere nel modo seguente. (Qui devo limitarmi ad accennare la dimostrazione).

I cosiddetti segmenti A di Z_0, in base agli assiomi III e IV costituiscono gli elementi di un insieme. D'altra parte, si possono considerare insiemi C che hanno le seguenti proprietà, evidentemente definite;

(1) C è finito;

(2) $M \in C$;

(3) Se $N \in C$, esiste un $N_1 \in C$ tale che $N = UN_1$, tranne se $N = M$.

Gli insiemi C sono naturalmente della forma $\{M, UM, U^2M, \ldots, U^nM\}$.

Mediante inferenze induttive (che sono a loro volta dimostrabili in base alla definizione di Z_0 come 'intersezione' o 'catena') si può mostrare, inoltre, che ogni

5. Presumibilmente non si è ancora dimostrato che il sistema assiomatico di Zermelo è coerente, e senza dubbio sarà molto difficile farlo. In particolare, sorgeranno delle difficoltà a causa delle clausole *impredicative*, che regolano la formazione degli insiemi. Non è innaturale concepire gli assiomi come principi generatori di un certo tipo; si generano nuovi insiemi secondo certe regole, a partire da insiemi già noti. Ora, se la formazione degli insiemi si limitasse alla costruzione di nuovi insiemi a partire unicamente da un numero finito di insiemi già dati, si potrebbe facilmente accertare la coerenza degli assiomi mediante un procedimento infinito. Ma la difficoltà sta nel fatto che si devono costruire certi insiemi la cui esistenza dipende da *tutti* gli insiemi. Si ha allora ciò che si dice una *definizione impredicativa*. Poincaré criticò questo tipo di definizione, considerandola la vera debolezza logica della teoria degli insiemi.

Nel sistema di Russell e Whitehead tale questione è stata affrontata da un punto di vista formale, cioè con la teoria dei cosiddetti tipi logici; tuttavia, anche Russell e Whitehead si accontentano semplicemente di aggirare la difficoltà introducendo un postulato, l'*assioma di riducibilità*, che in sostanza stabilisce che le clausole impredicative verranno soddisfatte. Non esiste dimostrazione di ciò, e, per quanto mi è dato di vedere, una dimostrazione è impossibile sia dal punto di vista di Russell e Whitehead che da quello di Zermelo. È probabile, infatti, che si possa ottenerla solo costruendo effettivamente un dominio B che abbia le proprietà desiderate, mediante un procedimento simile a quello usato nella precedente dimostrazione del teorema di Löwenheim. Tale dimostrazione però, utilizza l'idea del finito e il ragionamento ricorsivo, che né il sistema di Russell e Whitehead né quello di Zermelo presuppongono come nozioni fondamentali; al contrario, queste hanno il loro

insieme C equivale ad un unico segmento A di Z_0, e viceversa. Se si forma la proposizione: "$C \sim A$; C soddisfa (1), (2) e (3); A è un segmento di Z_0", si vede che anch'essa è definita ed è del tipo richiesto dall'assioma citato. Poiché esiste un insieme che contiene tutti i segmenti A di Z_0, gli insiemi C, in base a tale assioma, costituiscono anche tutti gli elementi di un insieme T. L'insieme unione associato ST è allora l'insieme desiderato, che contiene come elementi M, UM, U^2M, . . . , e così via all'infinito.

[7] Una tipica clausola impredicativa è, ad esempio, quella secondo cui l'intersezione di tutti gli insiemi aventi una proprietà definita qualsiasi E è anch'essa un insieme. Ciò segue, in effetti, dagli assiomi. In primo luogo, infatti, le intersezioni $[M, M']$ (dove M è un insieme fissato avente la proprietà E, e M' varia su tutti gli insiemi aventi quella proprietà) costituiscono, in base agli assiomi III e IV, tutti gli elementi di un insieme T; pertanto tale insieme è già introdotto impredicativamente. In secondo luogo, l'intersezione DT, associata a T, dev'essere ovviamente l'intersezione di tutti gli insiemi aventi la proprietà E.

fondamento nella teoria degli insiemi. Si cadrebbe così in un circolo vizioso.

È chiaro che, escludendo l'assioma VII, gli assiomi di Zermelo I-VI sono coerenti; in tal caso infatti il dominio B conterrebbe solo insiemi finiti, costruiti unicamente mediante l'assioma II.

6. Non so se esiste una dimostrazione rigorosa del fatto che il dominio di Zermelo B non è univocamente determinato dagli assiomi. A priori questo risultato è del tutto plausibile, tuttavia non basta (come, ad esempio, nel caso di un corpo commutativo [*Rationalitätsbereich*]) per stabilire che occorre aggiungere solo un nuovo oggetto per ottenere, mediante gli assiomi, un dominio più comprensivo; dopo tutto si potrebbe immaginare (per quanto sia molto improbabile) che gli assiomi, anche se prima erano coerenti, una volta aggiunto il nuovo elemento diano luogo a delle contraddizioni. Esporrò ora alcune mie osservazioni su questo punto.

Se M è un insieme qualsiasi, possiamo costruire successioni della forma

$$...M_2 \in M_1 \in M,$$

che chiameremo *∈-successioni decrescenti.*

Ora, si vede quasi immediatamente che in un dominio B gli insiemi M per i quali ogni ∈-successione termina necessariamente dopo un numero finito di termini formano una parte B' di B in cui gli assiomi sono ancora validi. Quindi, se B' è una parte propria di B, cioè se si hanno in B insiemi per i quali esistono ∈-successioni decrescenti infinite, si hanno già due distinti domini di Zermelo B e B'. Se però ogni ∈-successione in un insieme qualunque M di B termina dopo un numero finito di termini, gli insiemi per i quali ogni ∈-successione termina con l'insieme vuoto costituiscono ancora una parte B' di B in cui valgono gli assiomi. Se dunque B e B' sono differenti si hanno ancora due domini di Zermelo distinti.

Si consideri ora un dominio B, tale che per i suoi insiemi ogni ∈-successione è finita e termina con 0. Ad ogni insieme M si può allora associare un ∈-albero [*∈-Verzweigungsystem*] corrispondente che specifichi come si è costruito M a partire dagli elementi, come questi sono stati ottenuti a loro volta a partire da altri elementi, e così via. L'albero è costituito in modo tale che da ogni nodo parte un numero infinito di rami; ma se si risale una successione connessa di rami (cioè una ∈-successione), dopo un numero finito di passi si raggiunge lo 0. Ora, se a è un oggetto che non appartiene a B, si può formare un dominio di Zermelo esteso B' che contiene a, nel modo seguente.

Sia M un insieme qualsiasi, N un sottoinsieme qualsiasi di $S^nM + S^{n-1}M + ... + M + \{M\}$, per n qualsiasi, F l'albero associato a M, e G la parte del sistema che consiste dei punti corrispondenti a N. Formiamo allora da F un albero F' inserendo ad ogni punto di G un ramo che termina con a: aggiungiamo cioè a come nuovo elemento ad ogni elemento di N. Gli alberi così ottenuti possono essere considerati come gli insiemi di un dominio più esteso B'.

Ora, esaminando gli assiomi, si può dimostrare che essi valgono in B' se valgono in B. La dimostrazione è molto semplice per tutti gli assiomi tranne l'assioma III, per cui una formulazione generale della dimostrazione risulta piuttosto complicata. Pertanto non scenderò qui in dettagli.

Sarebbe comunque molto più interessante se si riuscisse a dimostrare che si può aggiungere un nuovo sottoinsieme di Z_0 senza dar luogo a contraddizioni;[8] ma ciò probabilmente è *molto difficile*.[9]

7. Nello studio di un sistema assiomatico dal punto di vista dell'interdipendenza logica dei suoi assiomi si è ritenuto soddisfacente basarsi semplicemente su altre teorie. Ma non sempre si ha la fortuna di disporre di teorie già sviluppate su cui basarsi; si deve invece cercare di ottenere un procedimento che consenta un'indagine diretta delle caratteristiche logiche degli assiomi.

Dal punto di vista della teoria degli insiemi il fatto che B segue da A (dove A e B sono proposizioni che vertono su determinati oggetti) naturalmente va inteso così: la proposizione $\bar{A} + B$ vale sempre (cioè, per ogni insieme). Ovviamente ciò è spesso dimostrabile mediante assiomi insiemistici; ma anzitutto sorge il problema della coerenza degli assiomi della teoria degli insiemi; e inoltre bisogna tener presente che, ove si sia fornita una fondazione assiomatica, le nozioni insiemistiche sono relative, e pertanto c'è l'eventualità che si definiscano delle collezioni per le quali $\bar{A} + B$ non è valida. Ora, se si volessero studiare nello stesso modo gli assiomi della teoria degli insiemi, si dovrebbe dimostrare che esistono 'domini' per i quali valgono gli assiomi in questione.

[8] Come s'è spiegato sopra (v. punto 3), B non contiene necessariamente ogni sottoinsieme 'definibile' di Z_0.

[9] Poiché gli assiomi di Zermelo non determinano univocamente il dominio B, è molto improbabile che essi consentano di decidere tutti i problemi di cardinalità. Ad esempio, è molto probabile che il cosiddetto 'problema del continuo' (cioè la questione se $2^{\aleph_0}$ sia maggiore o eguale a $\aleph_1$) non sia affatto solubile su questa base. La situazione può risultare del tutto analoga alla seguente: dato un corpo commutativo non specificato, ci chiediamo se esso contiene un elemento x tale che $x^2 = 2$. Ciò è semplicemente indeterminato, perché il dominio non è unico.

Se non ci si vuol basare ancora su assiomi per i domini (e così via all'infinito) non vedo altra alternativa che passare a considerazioni come quelle adoperate sopra nella dimostrazione del teorema di Löwenheim, in cui si assume come fondamentale l'idea di numero intero finito.

Inoltre anche la nozione realmente importante in queste indagini logiche, cioè quella di 'proposizione che segue da certe assunzioni', è una nozione induttiva (ricorsiva). Le proposizioni che consideriamo sono quelle derivabili mediante un *numero finito qualsiasi* di applicazioni degli assiomi. L'idea di numero *finito qualsiasi* è quindi essenziale, e si avrebbe necessariamente un circolo vizioso se si basasse la nozione di 'finito' su certi assiomi la cui coerenza va, a sua volta, indagata, come quelli della teoria degli insiemi.

Gli insiemisti di solito ritengono che la nozione di numero intero debba essere definita e il principio di induzione matematica dimostrato. È chiaro, però, che non si può definire né dimostrare *ad infinitum*; prima o poi si arriva a qualcosa che non è ulteriormente definibile o dimostrabile. La nostra unica preoccupazione, quindi, dev'essere che i principi iniziali siano immediatamente chiari, naturali e non problematici. Tale condizione è soddisfatta dalla nozione di intero e dalle dimostrazioni per induzione, ma non è certo soddisfatta dagli assiomi insiemistici di Zermelo né da altri analoghi; perché la riduzione delle prime nozioni alle seconde fosse accettabile le nozioni insiemistiche dovrebbero essere più semplici dell'induzione matematica e le dimostrazioni in cui esse compaiono dovrebbero essere meno problematiche, al contrario di quanto avviene in realtà.

In un articolo [5] Hilbert fa questa osservazione a proposito dell'asserzione di Poincaré secondo cui il principio di induzione matematica non è dimostrabile: "La sua obiezione, che cioè questo principio non sarebbe dimostrabile se non per induzione matematica, non è giustificata ed è confutata dalla mia teoria". Ma il problema centrale è se si possa dimostrare il principio mediante principi più semplici e *senza usare proprietà delle espressioni o formule finite che si basano, a loro volta, sull'induzione matematica o sono ad essa equivalenti.* Mi sembra che questo punto non sia stato sufficientemente preso in considerazione da Hilbert. Ad esempio, nel suo articolo [5], alla fine di p. 170, egli dimostra un lemma in cui fa uso del fatto che se un determinato segno compare in una dimostrazione aritmetica, esso deve necessariamente comparirvi una prima volta. Per quanto evidente possa sembrare questa proprietà in base alla nostra intuizione percettiva delle espressioni finite, certo una sua dimostrazione formale può essere data solo mediante l'induzione matematica. Ad ogni modo, nella teoria degli insiemi ci prendiamo il disturbo di dimostrare che ogni insieme ordinato finito è ben ordinato, cioè che ogni suo sottoinsieme ha un primo elemento. Ora, perché si dovrebbe dimostrare dettagliatamente quest'ultima proposizione ma non la precedente, che asserisce che la proprietà corrispondente è valida per le espressioni aritmetiche finite che compaiono nelle dimostrazioni? L'uso di tale proprietà non equivale forse ad una inferenza induttiva?

Non scenderò in maggiori dettagli in merito all'articolo di Hilbert, soprattutto perché ho visto solo la sua prima comunicazione. Voglio solo aggiungere questa osservazione: è piuttosto strano che, una volta fallito il tentativo di fondare l'aritmetica sulla teoria degli insiemi a causa delle difficoltà logiche inerenti a quest'ultima, si cerchi ora, in verità senza molto successo, di escogitare una nuova fondazione (come se l'aritmetica non avesse già un adeguato fondamento nelle inferenze induttive e nelle definizioni ricorsive).

8. Naturalmente finché si rimane su un piano puramente assiomatico non c'è nulla da dire sul principio di scelta (per quanto, in realtà, applicando questo assioma *non* si generino *univocamente* nuovi insiemi); ma se molti matematici (anzi, credo la maggior parte di essi) non vogliono accettare il principio di scelta, è perché non hanno affatto una concezione assiomatica della teoria degli insiemi. Secondo loro, gli insiemi sono dati da condizioni qualsiasi su collezioni; ma essi pretendono anche che ogni insieme sia definibile. Dopotutto, ci si può chiedere: che cosa vuol dire che un insieme esiste se esso, forse, non potrà mai essere definito? È chiaro che questa esistenza non può essere che un modo di dire, il quale può dar luogo solo a proposizioni puramente formali (forse piene di belle *parole*) intorno a oggetti *detti* insiemi. Ma la maggior parte dei matematici vuole che la matematica, in definitiva, tratti di operazioni di computo effettivamente eseguibili e non consista di proposizioni formali relative ad oggetti chiamati con questo o quel nome.

OSSERVAZIONE CONCLUSIVA

Il risultato più importante dell'articolo è la relatività della nozione di insieme. L'avevo già comunicato oralmente al professor Bernstein, nell'inverno del 1915-16, a Gottinga.

Finora non ho pubblicato nulla sull'argomento per due ragioni: anzitutto ero occupato in altri problemi; in secondo luogo, ritenevo perfettamente chiaro che l'assiomatizzazione in termini insiemistici non costituisce una fondazione ultima soddisfacente per la matematica, sicché pensavo che la maggior parte dei matematici non si sarebbe molto interessata all'argomento. Recentemente, però, ho constatato con stupore che moltissimi matematici considerano gli assiomi della teoria degli insiemi come il fondamento ideale della matematica; quindi mi è sembrato il momento di pubblicare una critica.

RIFERIMENTI BIBLIOGRAFICI

[1] E. Zermelo, "Untersuchungen über die Grundlagen der Mengenlehre I", *Mathematische Annalen*, 65 (1908), pp. 261-281.
[2] E. Schröder, *Vorlesungen über die Algebra der Logik*, 3 voll., Lipsia 1890-1905.
[3] L. Löwenheim, "Über Möglichkeiten im Relativkalkül", *Mathematische Annalen*, 76 (1915), pp. 447-470.
[4] Th. Skolem, "Logisch-kombinatorische Untersuchungen über die Erfüllbarkeit oder Beweisbarkeit mathematischer Sätze nebst einem Theorem über dichte Mengen", in *Skrifter utgit av Uidenskapsselskapet i Kristiana, I.* Mat. Nat. Kl., n. 4 (1920) pp. 1-36.
[5] D. Hilbert, "Neubegründung der Matematik", *Abh. a. d. Math. Seminar der Hamburgischen Universität*, 1922.

ERNST ZERMELO

Numeri confine
e
domini di insiemi

nuove ricerche
sui
fondamenti della teoria degli insiemi

[Sebbene la concezione platonista della teoria degli insiemi sia soprattutto nota attraverso gli scritti di Gödel, alcuni elementi di tale concezione sono già presenti nel lavoro di Zermelo qui tradotto. Come Gödel, anche Zermelo respinge la tesi dei critici secondo cui i paradossi costituirebbero una refutazione della posizione platonista. A tale conclusione egli giunge attraverso un'analisi dei modelli normali degli assiomi (del secondo ordine) della teoria degli insiemi, cioè di quei modelli in cui il simbolo dell'appartenenza $\in$ *riceve la sua naturale interpretazione.*

Il § 1 contiene una formulazione degli assiomi in questione, che comprende gli assiomi originari di Zermelo più l'assioma di rimpiazzamento. Questi assiomi verranno indicati con ZF. *Zermelo considera però anche il sistema* ZF′ *che contiene gli stessi assiomi di* ZF *eccetto l'assioma dell'infinito.*

Nel § 2 si stabiliscono delle condizioni soddisfatte dagli ordinali $\nu > 0$ *che costituiscono il confine superiore degli ordinali contenuti in un modello normale di* ZF′, *la 'caratteristica' del modello. Tali condizioni equivalgono alle seguenti, più familiari: (i) se* $\alpha < \nu$, *allora* $2^{\bar{\alpha}} < \bar{\nu}$, *dove una lettera soprasegnata* $\bar{\alpha}$ *indica il cardinale di* α; *(ii) per* $\mu < \nu$ *e per ogni* $\alpha_\xi < \nu$, $\sup_{\xi<\mu} \alpha_\xi < \nu$.

I §§ 3 e 4 contengono i risultati principali del lavoro. Si dimostra che ogni modello normale di ZF′ *di caratteristica* ν *che contiene un insieme* U *(eventualmente vuoto) di individui, la 'base' del modello, è isomorfo al segmento di lunghezza* ν *della successione transfinita di collezioni* V_α *che si ottiene ponendo* $V_0 = U$, $V_{\alpha+1} = V_\alpha \cup \mathfrak{P}(V_\alpha)$, $V_\lambda = \bigcup_{\alpha<\lambda} V_\alpha$ *per* λ *un ordinale limite, cioè è isomorfo a* V_ν. *Viceversa ogni segmento* V_ν *della successione delle* V_α, *dove* ν *è un ordinale che soddisfa le condizioni precedenti (i) e (ii), è un modello normale* *di ZF', cioè (i) e (ii) sono condizioni, oltre che necessarie, anche sufficienti perché ν sia la caratteristica di un modello normale.*

Poiché ω è il primo ordinale che soddisfa (i) e (ii), si ha perciò che, per U = Ø, V_ω è il più piccolo modello normale di ZF'. A sua volta V_{ι_0} dove ι_0 è il primo ordinale > ω che soddisfa (i) e (ii), è il più piccolo modello normale di ZF' che contiene l'insieme infinito V_ω, cioè è il più piccolo modello normale di ZF, e così via. Poiché la proprietà di essere un modello normale di ZF', o di ZF, può essere espressa nel linguaggio del secondo ordine della teoria degli insiemi, ne segue che, come notato nel §5, esistono espressioni di tale linguaggio che caratterizzano univocamente V_ω, V_{ι_0}, ecc. In altri termini, mentre per il teorema di Löwenheim-Skolem in un linguaggio del primo ordine si possono dare assiomatizzazioni categoriche solo di strutture finite, questa limitazione cade se si ammette un linguaggio del secondo ordine.

Le definizioni univoche in questione decidono ogni asserzione del linguaggio del secondo ordine della teoria degli insiemi ristretta a V_ω o a V_{ι_0}, rispettivamente. In particolare esse decidono l'ipotesi del continuo di Cantor, che è ristretta a $V_{\omega+2}$ (per dettagli cfr. [K3], o [Ce1]). Tuttavia esse non decidono asserzioni relative a livelli superiori della successione delle V_α: per ottenere una tale decisione occorre postulare l'esistenza di livelli superiori V_α. Ciò è plausibile perché la successione delle V_α ammette sempre nuove estensioni, per ogni numero ordinale α. In altri termini, mentre nei §§ 3 e 4 si considerano solo particolari segmenti della successione per lo studio della struttura dei modelli normali di dati sistemi di assiomi come ZF' e ZF, nel § 5 Zermelo abbandona questa limitazione adottando il processo di generazione della successione delle V_α come paradigma della spiegazione della nozione di insieme.

Identificando gli insiemi con i membri delle V_α, la restrizione introdotta nell'assioma di isolamento non è ad hoc, *ma è una semplice trascrizione di una loro proprietà fondamentale, cioè i paradossi della teoria degli insiemi non sono altro che il risultato di un errore di analisi. Come Zermelo ribadisce, lungi dal costituire un impoverimento e una mutilazione, essi mostrano anzi tutta la ricchezza della nozione iterativa di insieme*].

Questo lavoro contiene ricerche su quei "domini" costituiti da insiemi e *Urelemente*, per i quali sono verificati gli assiomi "generali" della teoria degli insiemi (gli "assiomi di Zermelo-Fraenkel" con una aggiunta), e una dimostrazione del fatto che un "dominio normale" di questo tipo è determinato, a meno di isomorfismi, da due numeri: la potenza della sua "base", cioè della totalità dei suoi "Urelemente" (che non sono insiemi in senso proprio); e la sua "caratteristica", cioè il tipo d'ordine di tutte le "successioni fondamentali" che esso contiene, o di tutti i numeri ordinali rappresentati in esso da insiemi. Si mostrerà che entrambi questi numeri possono essere scelti arbitrariamente in maniera indipendente l'uno dall'altro, purché la "caratteristica" soddisfi le condizioni su un "numero confine", cioè di essere contemporaneamente un "numero nucleo", o un "numero iniziale regolare", e un "autovalore", o un "numero critico", di una certa "funzione normale". La possibilità di una continuazione illimitata della successione transfinita dei numeri consente quindi la rappresentazione della teoria degli insiemi in una successione altrettanto illimitata di "modelli" ben distinti. È proprio la distinzione rigorosa fra i differenti modelli del sistema di assiomi (che non è categorico!), che ci assicura anche un chiarimento soddisfacente delle "antinomie ultrafinite", dato che i non "insiemi" di un modello si presentano come insiemi veri e propri nel modello immediatamente successivo e in tutti i modelli superiori.

Come strumento ausiliario della ricerca si pongono in primo luogo le "successioni fondamentali" e cioè i rappresentanti più semplici presenti in ogni dominio normale dei diversi numeri ordinali, e in secondo luogo lo "sviluppo" del dominio normale, cioè la sua scomposizione in una successione ben ordinata di "strati" separati, dove gli insiemi appartenenti a uno strato sono sempre "radicati" nei precedenti, nel senso che i loro elementi sono contenuti in quelli, ed essi a loro volta servono come materiale per i successivi.

§ 1 Gli assiomi costitutivi.

Il sistema di assiomi che sta alla base della nostra ricerca è sostanzialmente quello "di Zermelo-Fraenkel", cioè il mio sistema di assiomi del 1908*, completato con l'"assioma di rimpiazzamento" di Fraenkel, con le seguenti modifiche: in primo luogo si omette il mio "assioma dell'infinito", in quanto non appartiene alla teoria "generale" degli insiemi; in secondo luogo si aggiunge l'"assioma di fondazione", con cui si evitano gli insiemi "circolari" e "abissali". Chiameremo quindi "sistema *ZF* completato" o, in forma abbreviata, "sistema *ZF'*" la totalità degli assiomi seguenti:

D) *assioma di determinatezza*: ogni insieme è determinato dai suoi elementi, nella misura in cui contiene elementi.

I) *assioma di isolamento*: da ogni insieme m, con una funzione pro-

*) *Math. Ann.*, vol. 65, pp. 261-281.

posizionale $\mathfrak{f}(x)$ si isola un sottoinsieme $m_{\mathfrak{f}}$ che contiene tutti gli *elementi* di m per cui $\mathfrak{f}(x)$ è vera. Oppure: a ogni parte di un insieme corrisponde ancora un insieme che contiene tutti gli elementi di quella parte[1].

C) *assioma della coppia*: se a e b sono due insiemi qualsiasi allora esiste un insieme che li contiene entrambi come elementi.

S) *assioma dell'insieme potenza*: a ogni insieme m corrisponde un insieme $\mathfrak{U}m$ che contiene come elementi tutti i sottoinsiemi di m, compreso l'insieme nullo e m stesso. Al posto dell'"insieme nullo" si adopererà qui un "Urelement" u_0, scelto arbitrariamente.

U) *assioma dell'unione*: a ogni insieme m corrisponde un insieme $\mathfrak{S}m$, che contiene gli elementi dei suoi elementi.

R) *assioma di rimpiazzamento*: se si sostituiscono in maniera univoca gli elementi x di un insieme m con elementi arbitrari x' del dominio, quest'ultimo contiene anche un insieme m', che ha come elementi tutti gli x'.

F) *assioma di fondazione*: ogni catena (discendente) di elementi, in cui ogni membro è un elemento del precedente, termina a un indice finito con un Urelement. Oppure, con il medesimo significato: ogni sottodominio T contiene almeno un elemento t_0 che non ha alcun elemento t in T.

Quest'ultimo assioma, con il quale si escludono tutti gli insiemi "circolari", cioè anche tutti quelli "che contengono se stessi", e in particolare tutti gli insiemi "privi di radici", è stato rispettato finora in tutte le applicazioni della teoria degli insiemi e non comporta in via di principio alcuna limitazione sostanziale della teoria.

Non ci interessa qui l'"indipendenza" degli assiomi: con una formulazione opportuna però si potrebbe forse dedurre I) da R), o C) da D) e R). L'"assioma di scelta" non è stato formulato esplicitamente perché ha un carattere diverso dagli altri e non serve per la delimitazione dei domini. Ma esso verrà posto a fondamento di tutta la nostra ricerca come principio logico generale e proprio in base a tale principio ogni insieme verrà considerato in seguito come ben ordinabile.

Prendiamo come punto di partenza questo sistema di assiomi DICSURF, che chiameremo "sistema ZF'" e definiamo "dominio normale" un dominio di "insiemi" e "Urelemente", che in riferimento alla rela-

[1] La funzione proposizionale $\mathfrak{f}(x)$ può essere qui del tutto *arbitraria*, come pure la funzione di rimpiazzamento in R); tuttavia le deduzioni tratte dalla limitazione di questa a una particolare classe di funzioni non interessano dal punto di vista qui proposto. Per una discussione introduttiva sul "problema della definizione" si veda la fine della mia ultima nota su questa rivista (*Fund. Math.* XIV, pp. 339-344) e le "osservazioni" critiche di Th. Skolem (*ivi,* XV, pp. 337-341).

zione fondamentale $a \in b$ soddisfa il nostro sistema ZF'. In base ai concetti e ai principi fondamentali della teoria degli insiemi, tratteremo come insiemi i "domini" di questo tipo, i loro "elementi", i loro "sottodomini", le loro "somme" e "intersezioni"; dagli insiemi, infatti, essi non si differenziano in alcun punto veramente essenziale. Li chiameremo però sempre "domini" e non "insiemi", per distinguerli dagli "insiemi" in quanto elementi del dominio considerato.

§ 2 Le successioni fondamentali di un dominio normale e la sua caratteristica.

Chiamo *"successione fondamentale" un insieme ben ordinato in cui ogni elemento (ad eccezione del primo, che deve essere un "Urelement") è identico all'insieme di tutti gli elementi precedenti.*

Così dall'Urelemente u derivano le successioni fondamentali $g_0 = u$, $g_1 = \{u\}$, $g_2 = \{u, \{u\}\}$, $g_3 = \{u, \{u\}, \{u, \{u\}\}\}$, e così via secondo la regola
$g_{\alpha+1} = g_\alpha + \{g_\alpha\}$ e $g_\alpha = \sum_{\beta<\alpha} g_\beta$, se α è un numero limite.

In generale una successione fondamentale è un insieme *ordinato dalla relazione* $\in$, che dunque per F) deve essere anche *ben ordinato.* Per essa valgono, tra gli altri, i seguenti teoremi di facile dimostrazione:

1) ogni elemento di una successione fondamentale è un elemento di tutti i successivi e contiene come elementi tutti i precedenti.

2) ogni elemento e ogni segmento di una successione fondamentale è a sua volta una successione fondamentale.

3) da ogni successione fondamentale se ne ottiene una nuova aggiungendo ai suoi elementi come ultimo elemento l'insieme stesso: $g' = g + \{g\}$, dove il tipo d'ordine viene aumentato esattamente di 1.

4) Da ogni insieme T di successioni fondamentali con lo stesso elemento iniziale u si ottiene per unione una nuova successione fondamentale $\mathfrak{S}T$, che contiene tutti gli elementi di T come segmenti e (salvo se stessa) come elementi. Anche qui il tipo d'ordine della nuova successione fondamentale è il tipo immediatamente successivo a quello delle date successioni.

5) Di due diverse successioni fondamentali con lo stesso elemento iniziale una è sempre un segmento ed un elemento dell'altra ed ha sempre tipo d'ordine minore; noi la chiameremo semplicemente "minore".

6) Se in un dominio normale u è un Urelemente e r è un insieme

ben ordinato di tipo ρ, allora al dominio appartiene anche una successione fondamentale g_ρ, con u come Urelement, simile all'insieme r. Supposto che il teorema valga per tutti i numeri ordinali $\rho < \alpha$, esso vale anche per $\rho = \alpha$. Infatti o $\alpha = \beta + 1$ e g_β ha il tipo β e quindi per 3) g' ha il tipo $\beta + 1 = \alpha$. Oppure α è un numero limite e allora l'unione $\Sigma\, g_\beta$ di tutte le g_β con $\beta < \alpha$ è per 4) anch'essa una successione fondamentale e proprio di tipo α, poiché ognuno dei suoi segmenti propri è una $g_\beta < g_\alpha$.

7) La totalità delle successioni fondamentali g_α aventi in comune l'elemento iniziale u contenute in un dominio normale P costituisce un sottodominio ben definito G_u di P, e i numeri ordinali α corrispondenti formano un ben definito segmento Z_π della successione numerica di tipo d'ordine π, ma il dominio P non contiene alcun "insieme" w, che abbia come elementi tutte queste successioni fondamentali, e nemmeno un insieme ben ordinato di tipo d'ordine π; π al contrario è solo il *confine superiore* dei numeri ordinali rappresentati in P da insiemi. Altrimenti si riprodurrebbe la ben nota "antinomia di Burali-Forti".

Il numero ordinale π così definito, che qui sarà chiamato "numero confine" o "caratteristica" del dominio normale, non è però arbitrario, ma deve soddisfare determinate condizioni per avere il "carattere di numero confine". Tali condizioni sono le seguenti:

I) ogni numero confine ha il "carattere di *numero nucleo*" cioè è un "numero iniziale regolare", e dunque non è "*cofinale*" ad alcun numero minore[2].

Se infatti π fosse cofinale a $\rho < \pi$, allora il segmento Z_π della serie numerica conterrebbe una successione parziale di tipo d'ordine ρ, consistente in numeri $\alpha_\nu < \pi$ che non apparterrebbero ad alcun segmento proprio $Z_\alpha < Z_\pi$. A ciascuno di questi numeri α_ν corrisponderebbe, dunque, in P una successione fondamentale g_{α_ν} del medesimo tipo d'ordine, e l'unione di tutte queste g_{α_ν} sarebbe, per 4), a sua volta una successione fondamentale g_α del dominio normale, mentre in base all'ipotesi il suo tipo d'ordine dovrebbe essere $\alpha = \lim \alpha_\nu = \pi$. Dunque π è un "numero nucleo" o un "numero iniziale regolare", e anche, come vedremo, un numero "esorbitante", "di seconda specie" (Hausdorff, *loc. cit.*, p. 131). Se infatti fosse $\pi = \omega_{\nu+1}$, allora sarebbe $\omega_\nu < \pi$ e il dominio conterrebbe una successione fondamentale g_{ω_ν} di questo tipo e conterebbe anche l'insieme potenza corrispondente $m = \mathfrak{U} g_{\omega_\nu}$ di numero cardinale $\mathfrak{m} > \overline{\omega}_\nu$, per cui $\mathfrak{m} \geqslant \overline{\omega}_{\nu+1} = \pi$, contraddicendo alla definizione di π.

Se venisse dimostrata la congettura di Cantor per cui l'insieme

[2] Cfr. F. Hausdorff *Grundzüge der Mengenlehre*, 1, Aufl. Cap. IV, § 4.

potenza $\mathfrak{U}\, m$ ha sempre la potenza immediatamente successiva, allora da $\mathfrak{m} < \pi$ seguirebbe $2^{\mathfrak{m}} < \pi$ e ogni numero "esorbitante" sarebbe anche numero confine di un dominio normale[3]. Ma poiché la questione è ancora indecisa, per caratterizzare i "numeri confine" abbiamo bisogno di un'ulteriore caratteristica, che verrà qui dedotta con l'aiuto di una certa "funzione normale"[4].

Se ξ è un numero ordinale qualsiasi rappresentato in un dominio normale, questo contiene per S), oltre alla successione fondamentale g_ξ, anche una successione fondamentale con indice $\xi^* = \phi(\xi)$, cioè il numero iniziale della classe numerica, che ha il numero cardinale $\overline{2^{\xi^*}}$. Tale funzione $\phi(\xi)$ non è, è vero, una funzione normale, perché ad argomenti ξ differenti possono corrispondere gli stessi valori della funzione. Tuttavia si ottiene una funzione normale da ϕ definendo per iterazione:

$$1)\ \psi(0) = 0,\ 2)\ \psi(\xi + 1) = \psi(\xi)^* = \phi\, \psi(\xi),\ 3)\ \psi(\alpha) = \lim_{\xi<\alpha} \psi(\xi),$$

se α è un numero limite. Con questa definizione la funzione è determinata univocamente con argomenti qualsiasi, e sono quindi soddisfatte anche le condizioni sulle funzioni normali. Infatti, da $\alpha < \beta$ segue sempre $\alpha + 1 \leqslant \beta$ e perciò, per induzione transfinita

$$\psi(\alpha) < \psi(\alpha)^* = \psi(\alpha + 1) \leqslant \psi(\beta),$$

e da 3) deriva in generale $\lim \psi(\alpha_\nu) = \psi(\lim \alpha_\nu)$, sicché la funzione è "continua". Con la nostra funzione $\psi(\xi)$ non solo si rappresenta in modo continuo e simile l'intera successione numerica su una sua parte, ma si rappresenta anche ogni segmento Z_π appartenente a un dominio normale su una sua parte. Se infatti $\alpha < \pi$, allora vale anche $\psi(\alpha) < \pi$, come si può mostrare per induzione nel modo seguente. Supponiamo che $\psi(\xi) < \pi$, per tutti gli $\xi < \alpha$. Allora vale anche $\psi(\xi + 1) = \psi(\xi)^* < \pi$, perché il dominio normale contiene sempre con ogni insieme m il suo insieme potenza $\mathfrak{U}\, m$, quindi $\psi(\alpha) < \pi$, se α è di prima specie. Se invece α è un numero limite, allora agli elementi della successione fondamentale g_α che sono successioni fondamentali di tipo minore g_ξ, corrispondono univocamente le successioni fondamentali $g_{\psi(\xi)} < g_\pi$; per R) queste ultime sono a loro volta elementi di un insieme in P e la loro unione $\Sigma\, g_{\psi(\xi)}$ è per 4) ancora una successione fondamentale g_ρ

[3] Cfr. R. Baer, "Zur Axiomatik der Kardinalzahlarithmetik", *Math. Zeitschr.* vol. 29, p. 382 sgg. e la nota 8) a p. 382.

[4] Hausdorff *cit.*, cap. V, 3, p. 130. Rispetto alla funzione normale utilizzata qui cfr. anche A. Tarski, *Fund. Math.*, T. VII, pp. 1-15.

del domino normale, ma $\rho = \lim_{\xi<\alpha} \psi(\xi) = \psi(\alpha)$, e quindi, come detto, $\psi(\alpha) < \pi$. Ora, se fosse $\pi < \psi(\pi) = \lim_{\alpha<\pi} \psi(\alpha)$, si avrebbe già un $\alpha<\pi$, per cui varrebbe $\psi(\alpha) > \pi$, in contraddizione con ciò che si è dimostrato. Si pone perciò come seconda condizione la seguente:

II) ogni "numero confine" o "caratteristica" di un dominio normale *è contemporaneamente un "autovalore", o "numero critico", della funzione normale* $\psi(\xi)$ *definita sopra.*

Entrambe queste condizioni, che ogni numero confine deve soddisfare, sono essenzialmente indipendenti l'una dall'altra, nella misura in cui in I) si postulava esclusivamente il carattere di numero nucleo. Che non ci possano essere numeri nucleo di prima specie, segue immediatamente dalla seconda condizione: per due numeri iniziali (transfiniti ω_ν e $\omega_{\nu+1}$, l'uno successivo all'altro, vale infatti $\omega_\nu < \omega_\nu + 1 < \omega_{\nu+1}$ e quindi

$$\omega_{\nu+1} \leqslant \omega_\nu^* \leqslant \psi(\omega_\nu)^* = \psi(\omega_\nu + 1) < \psi(\omega_{\nu+1})$$

per cui $\omega_{\nu+1}$ non è certo l'autovalore della funzione normale. Di contro, secondo la congettura di Cantor, per ogni numero "esorbitante", cioè "numero nucleo di seconda specie", come tale sarebbe soddisfatta già la seconda condizione[5]. Infatti in questo caso sarebbe $\psi(\xi) = \omega_\xi$ per tutti gli ξ transfiniti, e se $\xi < \pi$ anche $\omega_\xi < \pi$, la funzione normale ω_ξ avrebbe degli autovalori $< \pi$ e π, come limite di tutti questi autovalori sarebbe anch'esso un autovalore $\pi = \omega_\pi$. Anche se questa questione deve essere considerata provvisoriamente come indecisa, in seguito si dimostrerà tuttavia che entrambe le condizioni precedenti sono anche *sufficienti* per i "numeri confine", cioè che ogni numero π che le soddisfa può presentarsi come la caratteristica di un dominio normale.

§ 3 Lo sviluppo del dominio normale.

Abbiamo chiamato "dominio normale" ogni dominio di "insiemi" e "Urelemente" che soddisfi gli assiomi *ZF'*. Un tale dominio normale può anche contenere dei sottodomini che rispetto alla relazione $\in$ definita tra i loro membri già soddisfano gli assiomi e quindi sono domini normali. A proposito di questi vale il seguente

LEMMA. Un sottominio M di un dominio normale P è a sua volta

[5] Cfr. Baer, *op. cit.* in 3).

un dominio normale se 1) con ogni insieme m contiene i suoi elementi e 2) M contiene ogni insieme m del dominio normale P, tutti gli elementi x del quale siano in M. Se oltre a ciò M comprende tutta la base dell'intero dominio P, essi coincidono.

Nel caso in questione gli assiomi di ZF', poiché valgono in P, sono soddisfatti anche da M; in particolare S) e U) sono soddisfatti per 2). L'"assioma di rimpiazzamento" R) deve essere inteso qui ovviamente nel senso che gli elementi x' che rimpiazzano gli elementi x appartengono anch'essi al sottodominio M. Nel caso particolare in cui M comprende l'intera base, il dominio differenza $R = P - M$ non contiene alcun Urelement, e ciascuno dei suoi elementi sarebbe un insieme r i cui elementi, dato che per ipotesi non sono tutti in M, dovrebbero comparire almeno in parte ancora in R, il che contraddice l'assioma F). Invece un dominio normale con base minore $Q' \subset Q$ può benissimo essere contenuto in uno maggiore. Un tale sottodominio si ottiene da P limitandolo a quegli insiemi le cui catene discendenti di elementi $m \ni m_1 \ni m_2 \ni m_3 \ldots$ terminano, in conformità a F), con Urelemente contenuti in Q'.

PRIMO TEOREMA DI SVILUPPO. Ogni dominio normale P di caratteristica π può essere scomposto in una successione ben ordinata di tipo d'ordine π di strati Q_α non vuoti e disgiunti, avente la proprietà che ogni strato Q_α contiene tutti gli elementi di P che non compaiono in alcuno strato precedente e i cui elementi appartengono al "segmento" corrispondente P_α, cioè alla somma di tutti gli strati precedenti. Il primo strato Q_0 contiene tutti gli Urelemente.

I sottodomini o "*segmenti*" P_α sono cioè definiti per induzione transfinita, mediante le seguenti clausole:

1) $P_1 = Q_0 = Q$ contiene l'intera base, la totalità degli Urelemente.

2) $P_{\alpha+1} = P_\alpha + Q_\alpha$ contiene tutti gli elementi di P "radicati" in P_α, cioè tutti quelli i cui elementi sono in P_α.

3) Se α è un numero limite, P_α è la somma o unione di tutti i precedenti P_β, con indice minore $\beta < \alpha$.

In virtù di queste clausole ogni P_α, e perciò anche $P_\pi = \sum_{\alpha<\pi} P_\alpha$, è univocamente determinato dai precedenti e soddisfa le condizioni del teorema, nella misura in cui P_π è identico a P. Intanto ogni strato $Q_\alpha = P_{\alpha+1} - P_\alpha$ contiene sempre le successioni fondamentali g_α di indice uguale, come si può dimostrare per induzione. Infatti $g_0 = u$ sta in $Q_0 = P_1$ e se questo vale per tutti gli indici minori $\beta < \alpha$, allora gli elementi di g_α, che sono a loro volta successioni fondamentali g_β, appartengono a strati precedenti Q_β e quindi anche a P_α, e g_α appartiene a $P_{\alpha+1}$, ma non a P_α, perché altrimenti apparterrebbe a uno strato Q_β che contiene già g_β e cioè un elemento di g_α, in contraddizione con la costruzione. Quindi g_α sta in Q_α, e questo strato non è vuoto.

Per applicare ora il "lemma" precedente al sottodominio P_π di P, consideriamo un insieme r del dominio normale i cui elementi siano tutti in P_π, in particolare r_ν nello strato Q_{α_ν}. Questi numeri ordinali α_ν, che non occorre siano tutti diversi, costituiscono un insieme ben ordinato di tipo $\rho < \pi$ perché la sua potenza non può essere maggiore di quella di r. Ma poiché π come "numero confine", in base a I) non è cofinale ad alcun numero minore, tutti questi α_ν possiedono un confine superiore $\alpha < \pi$, e tutti gli r_ν, cioè gli elementi di r, sono già contenuti in P_α, per cui r è in $P_{\alpha+1}$ e quindi anche in P_π. Il sottodominio contiene dunque tutti gli insiemi di P "radicati" in esso, come pure gli elementi dei suoi elementi, ed è identico al dominio normale sviluppato, dato che contiene anche tutta la sua base; con il che la dimostrazione del nostro teorema è completata.

Chiamiamo "dominio unitario" un dominio normale che ha "numero di base 1", cioè che deriva da un unico Urelemente. In questo caso vale per il suo sviluppo il seguente teorema:

SECONDO TEOREMA DI SVILUPPO. Nello sviluppo di un dominio unitario ogni segmento P_α ha la potenza $\psi(\alpha)$, ma contiene solo insiemi di numero cardinale inferiore, mentre lo strato Q_α corrispondente contiene già insiemi di quella potenza. Ogni segmento $P_{\beta+1}$ di prima specie contiene come insiemi tutti i sottodomini del segmento immediatamente precedente P_β, ogni segmento di seconda specie tutti i segmenti precedenti e i loro sottodomini. Il dominio unitario a sua volta ha la potenza della sua caratteristica π e contiene come insiemi tutti i suoi sottodomini di potenza inferiore.

La dimostrazione è anche qui per induzione transfinita, con l'ipotesi che l'affermazione fatta per P_α sia stata verificata per tutti gli indici minori $\beta < \alpha$, come vale certamente per $\beta = 1$, $P_1 = Q$, $\psi(1) = 1$. Sia ora $\alpha = \beta + 1$ di prima specie e in base all'ipotesi supponiamo che P_β abbia la potenza $\psi(\beta) < \psi(\pi) = \pi$ e contenga solo insiemi di numero cardinale minore di $\psi(\beta)$, cioè tutti i segmenti minori e i loro sottoinsiemi. Allora $P_\alpha = P_\beta + Q_\beta$ contiene certamente tutti i sottoinsiemi di P_β, ed anche solo quelli, perché ogni sottoinsieme di un segmento minore è anche parte di uno maggiore. Così $P_\alpha = P_{\beta+1}$ ha potenza $\mathfrak{p}_\alpha = 2^{\overline{\psi(\beta)}} = \overline{\psi(\beta+1)} = \overline{\psi(\alpha)}$ e contiene però solo insiemi di numero cardinale $\leqslant \overline{\psi(\beta)} < \overline{\psi(\alpha)}$. Invece lo strato corrispondente Q_α contiene un insieme di quel numero cardinale $\overline{\psi(\alpha)} < \bar{\pi}$, cioè P_α stesso come insieme, che in effetti dev'essere in P per l'assioma di rimpiazzamento; ma non contiene alcun insieme maggiore, perché Q_α è composto solo di sottoinsiemi di P_α. Se α è un numero limite $< \pi$, allora $P_\alpha = \sum_{\xi<\alpha} P_\alpha$ è la somma dei segmenti minori P_β, che per ipotesi hanno le proprietà richieste, quindi P_α contiene solo sottoinsiemi di un tale dominio P_β, e più precisamente *tutti* questi sottoinsiemi, perché ogni sottoinsieme di P_β è contenuto come elemento nel segmento successivo $P_{\beta+1}$. Tutti questi insiemi, perciò, hanno un numero cardinale non maggiore di $\overline{\psi(\beta)} < \overline{\psi(\alpha)}$, e la potenza del segmento P_α è data da

$$\mathfrak{p}_\alpha = \lim_{\beta<\pi} \mathfrak{p}_\beta = \lim_{\beta<\pi} \overline{\psi(\beta)} = \overline{\psi(\alpha)} \leqslant \bar{\pi}$$

Per ogni $\alpha < \pi$ dunque, anche lo strato Q_α gode della proprietà richiesta, di contenere insiemi di numero cardinale $\overline{\psi(\alpha)}$ e non insiemi maggiori, cioè P_α e i suoi sottoinsiemi. Per $\alpha = \pi$ si ottiene come potenza di P il valore $\lim_{\alpha<\pi} \overline{\psi(\alpha)} = \overline{\psi(\pi)} = \bar{\pi}$. A ogni sottodominio di potenza minore di π corrisponde allora in P una successione fondamentale equivalente, e quindi per R) anche un insieme che comprende tutti i suoi elementi. Per domini unitari, ma non certo per domini arbitrari vale quindi l'assioma di *von Neumann* secondo cui sarebbero "troppo grandi" per poter essere considerati come "insiemi" solo quei sottodomini che fossero della stessa potenza del dominio completo. Ma con la limitazione ai domini unitari la teoria degli insiemi perderebbe buona parte della sua possibilità di applicazione.

Sulla base delle conoscenze fin qui raggiunte possiamo ora modificare lo sviluppo di un dominio normale arbitrario in modo che in ogni strato Q_α vengano ammessi solo quegli insiemi di P, il cui numero cardinale non sia maggiore del numero cardinale che si ha nel caso di un dominio unitario, cioè sia $\leqslant \overline{\psi(\alpha)}$. Ma prima o poi toccherà a tutti, poiché se $\alpha < \pi$ vale anche $\psi(\alpha) < \psi(\pi) = \pi$ e dato che $\pi = \lim_{\alpha<\pi} \psi(\alpha)$, ogni numero $\rho < \pi$ è maggiorato da un valore della funzione $\psi(\alpha)$. Lo sviluppo "*canonico*" così formato ha il vantaggio che l'isolamento di ogni singolo strato Q_α indipendentemente dal dominio completo e dalla sua caratteristica, è completamente determinato dal suo indice e dalla "base" del dominio normale; quindi con una data base gli sviluppi per i diversi numeri confine coincidono sempre inizialmente.

TERZO TEOREMA DI SVILUPPO (TEOREMA DELLO SVILUPPO "CANONICO"). Ogni dominio normale con base Q si può scomporre in una successione ben ordinata iniziante con Q di strati disgiunti Q_α, dove anche qui ad ogni strato corrisponde come "segmento" la somma dei precedenti e ogni Q_α contiene come insiemi tutti quei sottodomini del segmento corrispondente P_α che ancora non sono nel segmento stesso e non hanno una potenza superiore a $\psi(\alpha)$. Questa ultima limitazione cade nel caso di "domini unitari", dove sviluppo "libero" e sviluppo "canonico" coincidono. Nello sviluppo "canonico" ogni segmento P_τ, il cui indice τ soddisfa le condizioni I e II di un "numero confine", è esso stesso un dominio normale.

La dimostrazione è analoga a quella del primo teorema di sviluppo. Anche qui si definiscono innanzitutto per induzione i segmenti P_α e gli strati Q_α con le clausole:

1) $P_1 = Q_0 = Q$.

2) $P_{\alpha+1} = P_\alpha + Q_\alpha$ contiene tutti gli insiemi del dominio normale P, i cui elementi sono in P_α e i cui numeri cardinali sono $\leqslant \overline{\psi(\alpha)}$.

3) Per ogni numero limite α, $P_\alpha = \sum_{\beta<\alpha} P_\alpha$ è sempre la somma di tutti i P_β inferiori.

Sono così definiti univocamente tutti i segmenti P_α e gli strati corrispondenti $Q_\alpha = P_{\alpha+1} - P_\alpha$ per tutti gli indici $\alpha \leqslant \pi$, e P_π è un sottodominio ben definito di P, che coincide con P in virtù del "lemma", perché contiene l'intera base, gli elementi dei suoi elementi, e tutti gli insiemi di P in esso "radicati". L'ultima condizione è soddisfatta anche qui per il fatto che ogni insieme r di numero cardinale $\overline{\rho} < \overline{\pi}$ radicato in P_α compare al più tardi nello strato Q_ρ, giacchè $\rho \leqslant \psi(\rho)$.

Sia ora $\tau \leqslant \pi$ un numero con carattere di numero confine e P_τ il segmento corrispondente dello sviluppo canonico di P. Allora per costruzione questo segmento contiene solamente insiemi di numero cardinale $\overline{\rho} \leqslant \overline{\psi(\alpha)} < \overline{\psi(\tau)} = \overline{\tau}$, poiché ognuno deve appartenere a uno strato Q_α per $\alpha < \tau$. Viceversa, poiché τ è un "numero nucleo", tutti gli insiemi r radicati in P_τ con numero cardinale $< \overline{\tau}$, devono essere già radicati in un segmento inferiore P_α ed appartenere ad un segmento superiore P_γ, dove non è necessario che γ sia maggiore del tipo d'ordine ρ di r, dato che $\rho \leqslant \psi(\rho)$. Quindi P_τ contiene tutti gli insiemi di P radicati in esso, i cui numeri cardinali siano minori di $\overline{\tau}$, ed in particolare tutti gli insiemi ottenuti per "rimpiazzamento" in P_τ. Se r è un insieme arbitrario in P_τ, ben ordinato per un $\rho < \tau$, allora è anche $\psi(\rho) < \psi(\tau) = \tau$, e $2^\rho \leqslant 2^{\psi(\rho)} = \psi(\rho + 1) < \tau$, e con r anche $\mathfrak{U}r$ è un elemento di P_τ. Se infine r_ν è una successione ben ordinata di tipo $\sigma < \tau$ di numeri cardinali $< \tau$, questi ultimi hanno un limite superiore $\mu' < \tau$, perché altrimenti τ sarebbe cofinale a σ e quindi non sarebbe un numero nucleo; vale inoltre $\Sigma\, \mu_\nu \leqslant \sigma\, \mu' < \tau$; il che significa anche che l'assioma U) è soddisfatto nel segmento P_τ e questo è in effetti un dominio normale. Con il che è dimostrato che le condizioni I e II esposte nel § 2 per la caratteristica di un dominio normale sono anche *sufficienti*, cioè che un numero ordinale τ che soddisfi entrambe queste condizioni può presentarsi come "numero confine" di un dominio normale. In realtà però questa affermazione presuppone che il numero τ appartenga già a un dominio in cui sono soddisfatti gli assiomi ZF'.

§ 4 Isomorfismi e automorfismi dei domini normali

Due domini normali P, P' si dicono "isomorfi" se gli elementi dell'uno si possono far corrispondere biunivocamente agli elementi x' dell'altro in modo che ogni relazione fondamentale $a \in b$ in un dominio implichi la relazione corrispondente $a' \in b'$ nell'altro, e viceversa. In domini isomorfi dunque, a ogni Urelement u corrisponde un Urelement u', ad ogni insieme m un insieme equivalente m', ad ogni successione fondamentale g_α una successione fondamentale g'_α con lo stesso indice, alla "base" Q una base equivalente Q' e al "numero confine" o caratteristica π, se stesso. Che queste due ultime condizioni siano anche sufficienti per l'isomorfismo, è stabilito dal seguente teorema.

PRIMO TEOREMA DI ISOMORFISMO. Due domini normali con la stessa caratteristica e base equivalente sono isomorfi e la rappresentazione isomorfa dei due domini l'uno sull'altro è determinata univocamente dalla rappresentazione delle loro basi.

Per la dimostrazione ci serviamo dei "teoremi di sviluppo", dove alla base della dimostrazione si può porre a piacere lo "sviluppo canonico" o quello "libero". Supponiamo dunque che le basi Q e Q' di entrambi i domini siano rappresentate biunivocamente l'una sull'altra,

[6] J. V. Neumann, "Die Axiomatisierung der Mengenlehre", *Math. Zeitschr.*, vol. 26, pp. 669-752, 1928. Si allude qui all'assioma IV. 2, che viene discusso *ivi*, soprattutto a p. 677 sgg.

in modo che ad ogni Urelement u corrisponde un u' determinato, e mostriamo per induzione che anche ad ogni segmento P_α dello sviluppo di P si può associare un segmento isomorfo P'_α dello sviluppo dell'altro, e ciò univocamente per tutti gli $\alpha \leqslant \pi$. Due segmenti P'_α e P'_β con indice differente per questo motivo solo non possono essere isomorfi, perché il maggiore contiene sempre successioni fondamentali, che non corrispondono ad alcuna simile nel minore. Ora supponiamo che P_α sia rappresentato in maniera isomorfa su P'_α, ciò che per $P_1 = Q$, $P'_1 = Q'$ è vero per ipotesi. Allora tutti i segmenti minori saranno rappresentati perciò su segmenti minori di P' e in tutte queste rappresentazioni un dato elemento x sarà sempre rappresentato sul medesimo elemento x' di P'. Sia r un insieme in Q_α; allora i suoi elementi r_ν sono tutti in P_α e gli elementi r'_ν in P'_α ad essi corrispondenti, per R) sono a loro volta elementi di un insieme equivalente r', poiché il dominio normale P' contiene sicuramente insiemi di questa potenza, per il fatto che $\pi = \pi'$. Tale insieme r' anche nel caso dello sviluppo canonico deve comparire in $P'_{\alpha+1}$ e non già in P'_α, perché altrimenti a causa dell'isomorfismo anche l'insieme corrispondente r sarebbe già in P_α e non in Q_α. Dunque ad ogni elemento r di Q_α corrisponde univocamente un elemento r' di Q'_α e viceversa, ed anche il segmento $P_{\alpha+1} = Q_\alpha + P_\alpha$ è rappresentato in maniera isomorfa ed univoca sul segmento $P'_{\alpha+1}$ dell'altro dominio normale. Ora sia α un numero limite e supponiamo che per ogni $\beta < \alpha$ il segmento P_β sia univocamente isomorfo al segmento P'_β. Poiché in questo caso ogni elemento x di P_α appartiene sicuramente a un P_β, in tutte queste rappresentazioni di P_β in P'_β ad x è associato sempre un elemento x' di P'_α ben determinato, e se vale $a \in b$, vale anche $a' \in b'$, poiché senza dubbio vi è un segmento P_β che li contiene entrambi. Con il che anche P_α è univocamente isomorfo a P'_α per numeri limite arbitrari $\alpha \leqslant \pi$, e siccome vale $P_\pi = P$, $P'_\pi = P'$, come si è affermato, entrambi i domini normali sono univocamente isomorfi.

SECONDO TEOREMA DI ISOMORFISMO. Di due domini normali con base equivalente e numeri confine differenti π, π', uno è sempre isomorfo a un segmento canonico dell'altro.

Sia $Q \sim Q'$ e $\pi' > \pi$. Allora, per il "terzo teorema di sviluppo" di p. 188, il "segmento canonico" P'_π è un dominio normale, perché π è un numero confine; esso ha la stessa caratteristica ed una base equivalente a quella di P e quindi, per il teorema precedente, è isomorfo a P.

TERZO TEOREMA DI ISOMORFISMO. Di due domini normali con la stessa caratteristica, uno è sempre isomorfo a un sottodominio (proprio o improprio) dell'altro.

Sia P un dominio normale e $Q' \subset Q$ una parte della sua base. Consideriamo la totalità di quegli elementi di P, per i quali ogni catena discendente di elementi $m \ni m_1 \ni m_2 \ni m_3 \ni m_4 \dots$, in virtù dell'assioma F) termina con un Urelement di Q'; un tale dominio parziale P' di P soddisfa tutte le condizioni del nostro "lemma" del § 3. Esso è quindi un dominio normale con la stessa caratteristica π, perché contiene tutte le successioni fondamentali di P che traggono origine da Q' ed è isomorfo ad ogni dominio normale P'' con la stessa caratteristica π e la cui base Q'' sia equivalente a Q'. Dalla confrontabilità supposta per due insiemi qualsiasi Q, Q'' segue immediatamente la tesi.

La "struttura" di un dominio normale, vale a dire ciò che esso ha in comune con tutti i domini normali isomorfi, (o il suo "tipo di modello") è quindi determinata, in base alle dimostrazioni precedenti, da due numeri, la potenza della sua base $\mathfrak{q}$ e la sua caratteristica π. Di queste la prima, la "larghezza" del dominio normale, può essere scelta arbitrariamente, mentre l'altra, la sua "altezza", deve possedere le caratteristiche indicate nel § 2 per un "numero confine". Questi "tipi di modelli" costituiscono dunque *una varietà duplicemente ben ordinata*, con la proprietà che un tipo di modello è sempre isomorfo a una parte di un altro $\mu < \mu'$, se $\mathfrak{q} \leqslant \mathfrak{q}'$ e $\pi \leqslant \pi'$, cioè se entrambi i numeri determinanti dell'uno sono minori o uguali a quelli dell'altro.

Poiché la rappresentazione isomorfa di due domini normali l'uno sull'altro, se esiste, è univocamente determinata per il "primo teorema di isomorfismo" dalla rappresentazione delle loro basi, ne segue che una rappresentazione isomorfa di un dominio normale su se stesso, cioè un "automorfismo", è possibile solo con una "permutazione" della sua base, e quindi è impossibile per i "domini unitari", che contengono un unico Urelement.

Analogamente, se la base è infinita, da una rappresentazione equivalente della base Q su una delle sue parti Q' deriva una rappresentazione isomorfa di un dominio normale P su una sua parte P'. Cioè, come si può vedere dalla dimostrazione dell'ultimo teorema, ad ogni parte della base corrisponde un sottodominio normale P' della stessa caratteristica π, e in particolare anche a ogni singolo Urelement u corrisponde un "dominio unitario" associato, e a parti della base equivalenti corrispondono sottodomini isomorfi, che in analogia alla teoria dei corpi si possono chiamare "coniugati". Da ciò si ottiene il seguente

TEOREMA DI AUTOMORFISMO. Gli automorfismi, cioè le rappresentazioni isomorfe di un dominio normale su se stesso, corrispondono univocamente alle rappresentazioni equivalenti della base su se stessa e perciò sono possibili solo con un numero di base $\mathfrak{q} > 1$;

tutti i domini unitari sono "monomorfi". Il gruppo di tutti gli automorfismi è isomorfo al gruppo di permutazioni della base. Anche i "meromorfismi", cioè le rappresentazioni isomorfe del dominio normale su una parte di se stesso, corrispondono alle rappresentazioni biunivoche della base (infinita) su parti equivalenti.

§ 5 Problemi di esistenza, non contraddittorietà e categoricità.

Le considerazioni fin qui svolte presuppongono l'esistenza di "domini normali" con diverse proprietà, e si basano in ogni caso sull'ipotesi della non contraddittorietà degli assiomi della teoria degli insiemi. Non si cercherà qui di dimostrare questa non contraddittorietà del punto di vista logico-formale. Piuttosto, con l'ipotesi generale di una tale non contraddittorietà per la teoria degli insiemi, vogliamo verificare l'esistenza (matematica e cioè ideale) dei diversi tipi di modelli qui trattati. Presupporremo dunque che esistano dei domini di insiemi che soddisfano gli assiomi *ZF*, con una base qualsiasi. Allora esistono anche dei domini che oltre a questi soddisfano l'"assioma di fondazione" F). Infatti se *M* è un dominio di insiemi con le proprietà presupposte, allora tutti gli elementi di tale dominio, compresi naturalmente gli Urelemente, che oltre agli altri assiomi soddisfano anche F), costituiscono un sottodominio ben definito *N* di *M*, che già di per sé soddisfa tutti gli assiomi *ZF'* e di conseguenza è un "dominio normale" con la data base *Q*.

Che con il restringere la base si ottengano ancora dei domini normali come sottodomini del primo, è stato mostrato nel § 4 precedente, nel corso della dimostrazione del "terzo teorema di isomorfismo". Non è ancora chiaro però, senza ulteriori considerazioni, se si possano ottenere nuovi tipi di domini normali anche restringendo o ampliando la caratteristica. Infatti ogni "numero confine" deve soddisfare le condizioni I e II del § 2, ed è ancora problematico se esistono dei numeri con il "carattere di numero confine" e quanti ne esistano. Tuttavia ω, il numero iniziale della seconda classe numerica, è senz'altro un numero di questo tipo: un "autovalore" della funzione $\psi(\xi)$ che non è cofinale a nessun numero minore. In effetti ω è anche la caratteristica del più basso dominio normale, il quale si ottiene nel modo seguente: si sopprimono dal dato dominio normale *M* tutti quegli insiemi per cui una "catena discendente" costruita in conformità a F) nella forma $m \ni m_1 \ni m_2 \ni m_3 \ldots$ contiene un insieme "infinito". Tale dominio, che contiene ora solo insiemi finiti, soddisfa tutte le condizioni di un dominio normale ed è contemporaneamente il segmento P_ω corrispondente all'indice ω dello "sviluppo canonico" del dominio normale originario. Questo dominio "finitistico", contro il quale anche gli "intuizionisti" difficilmente avrebbero qualcosa da obiettare nonostante la sua infinitezza in senso proprio, può servire almeno a dimostrare con la sua sola esistenza la non contraddittorietà degli assiomi *ZF'*. Al contrario non si può avere la pretesa che esso sia un vero "modello" della teoria degli insiemi di Cantor, perché non contiene alcun insieme infinito. Più in là conduce solo il mio vecchio "assioma dell'infinito", che postula l'esistenza di almeno un insieme "infinito". Il dominio più basso che soddisfa questa condizione e che potrei chiamare "cantoriano", avrebbe dunque caratteristica π_1 e cioè sarebbe il più piccolo autovalore della funzione ψ dal carattere di numero nucleo, e dunque in ogni caso sarebbe un "numero iniziale regolare di seconda specie" anche se non necessariamente il più piccolo numero "esorbitante", almeno fino a quando non sia stata verificata la congettura di Cantor.

Ma in generale dopo ω esistono dei numeri di questo genere, aventi il "carattere di numeri confine"? Certamente, nella misura in cui esiste una teoria "infinitistica" degli insiemi e cioè dei domini normali con insiemi infiniti. Infatti la totalità delle "successioni fondamentali" presenti in un tale dominio ha un tipo d'ordine π di questo genere, anche se all'interno del dominio non può comparire alcun insieme di tipo π. E se esistono dei "numeri confine" $\pi > \omega$, allora fra di essi ce n'è anche uno più piccolo π_1. In effetti non è possibile "dimostrare", cioè dedurre dagli assiomi *ZF'*, né la loro esistenza né la loro non esistenza, perché ad esempio il numero confine ω esiste nel dominio "cantoriano" ma non in quello finitistico, vale a dire che la questione riceve risposte differenti nei differenti "modelli" della teoria degli insiemi e quindi non può essere decisa solamente in base agli assiomi. Il nostro sistema di assiomi insomma è *non categorico*, il che in questo caso non costituisce uno svantaggio, ma è anzi un vantaggio. Infatti proprio da questo stato di cose deriva l'immenso significato e l'applicabilità sconfinata della teoria degli insiemi. Naturalmente si può sempre ottenere artificiosamente la categoricità desiderata con l'aggiunta di ulteriori "assiomi", ma a scapito della generalità. Nuovi postulati di questo tipo, quali furono ad esempio proposti da Fraenkel[7], Finsler[8], Neumann[9] ed altri, non colgono infatti la teoria degli insiemi in sé, ma piuttosto caratteriz-

[7] A. Fraenkel, *Einleitung in die Mengenlehre*, 3. § 18.5. p. 355 "Assioma di limitazione".

[8] Finsler, "Ueber die Grundlegung der Mengenlehre" *Math. Zeitschr.* 25, pp. 683-713. Sull'argomento cfr. anche R. Baer "Ueber ein Vollständigkeitsaxiom in der Mengenlehre", *Math. Zeitschr.* vol 27 pp. 536-539, 1928.

[9] J. v. Neumann come sopra in 6).

zano particolari modelli, scelti esclusivamente dai singoli autori. In generale si tratta di "domini unitari", che vengono privilegiati, col che, come si era già notato a p. 187, si rinunzia all'applicabilità della teoria degli insiemi. A parte ciò si usa limitarsi al dominio infinitistico più basso, quello "cantoriano", il che a mio avviso non rappresenta un vantaggio. La teoria degli insiemi come scienza va invece sviluppata inizialmente in tutta la sua generalità, dopo di che possono seguire come problema particolare le ricerche comparative sui singoli modelli.

Ora, in che cosa si differenziano realmente i vari modelli della teoria degli insiemi con la stessa base, ed in particolare i vari "domini unitari"? Come si è visto, in base alla loro "caratteristica", cioè in base alla totalità dei numeri ordinali rappresentati in essi da "insiemi", o alla totalità delle "successioni fondamentali" con lo stesso Urelement contenute in essi. Ma poiché solo i "numeri confine" possono fungere da "caratteristica". ogni "modello unitario" è già determinato univocamente dalla totalità delle successioni fondamentali con tipo di numero confine in esso presenti (o non presenti). Fissando questa, cosa che si può ottenere nei vari casi con l'aiuto di appositi postulati, il tipo di modello diventa anche "categorico", e, con la sua caratteristica π, è determinata anche la potenza π del dominio unitario corrispondente (in base al secondo teorema di sviluppo del § 3). Se si fa ora l'ipotesi generale che ogni dominio categoricamente determinato può essere considerato anche un "insieme"e cioè un elemento di un dominio normale (opportunamente scelto), si verifica che ad ogni dominio normale corrisponde un dominio più alto con la stessa base, ad ogni dominio unitario corrisponde un dominio unitario più alto e di conseguenza anche ad ogni "numero confine" π corrisponde un numero maggiore π'. Analogamente da ogni successione infinita di domini normali distinti con la stessa base, che si contengono sempre l'un l'altro come segmenti canonici, si ottiene per unione e fusione un dominio categoricamente determinato di insiemi che può poi essere completato ancora una volta in un dominio normale di caratteristica superiore. Ogni totalità categoricamente determinata di "numeri confine" è seguita quindi a sua volta da una maggiore e la successione di "tutti" i numeri confine è altrettanto illimitata della serie numerica, sicché a un indice transfinito può essere anche associato biunivocamente un determinato numero confine. Anche qui naturalmente tutto ciò non è "deducibile" dagli assiomi *ZF'* poiché il comportamento descritto porta al di là di ogni singolo dominio normale. È necessario postulare piuttosto, come nuovo assioma per la "metateoria degli insiemi," l'esistenza di una successione illimitata di numeri confine, dove la questione della non contraddittorietà richiede un esame ulteriore. Anche se qui devo limitarmi a questo schizzo provvisorio, rimandando ad una ulteriore trattazione, dovrebbe apparire già chiaro riguardo al seguito quale può essere considerato il dato essenziale della presente ricerca:

Le "antinomie ultrafinite della teoria degli insiemi" alle quali si richiamano con tanto zelo e così volentieri i reazionari della scienza e gli antimatematici nelle loro battaglie contro la teoria degli insiemi, queste "contraddizioni" apparenti non derivano da altro che da una confusione fra la teoria degli insiemi definita in maniera non categorica dai suoi assiomi e i singoli modelli che la rappresentano: ciò che in un modello appare come un "non insieme o superinsieme ultrafinito", in quello immediatamente successivo è un "insieme" perfettamente valido, con un numero cardinale e un tipo d'ordine, ed anzi costituisce la prima pietra per la costruzione del nuovo dominio. Alla successione illimitata dei numeri ordinali di Cantor corrisponde una doppia successione egualmente illimitata di modelli essenzialmente diversi della teoria degli insiemi in ciascuno dei quali è espressa l'intera teoria classica. Entrambe le tendenze polarmente contrapposte dello spirito pensante, l'idea del progresso creatore e quella della conclusione che riassume, che stanno anche alla base delle "antinomie" kantiane, trovano la loro raffigurazione simbolica e la loro simbolica conciliazione nella successione transfinita dei numeri basata sul concetto di buon ordinamento, la quale nella sua continuazione illimitata non possiede alcuna vera conclusione, ma solo dei punti di stasi relativa, cioè i "numeri confine", che dividono i tipi di modelli più alti da quelli più bassi. E così anche le "antinomie" della teoria degli insiemi, se intese correttamente, conducono non a un impoverimento e a una mutilazione, ma anzi a un ampliamento al di là di ogni orizzonte e a un arricchimento della scienza matematica.

Alla fine di questo lavoro sento il bisogno di esprimere il mio più cordiale ringraziamento al mio collega signor dott. Arnold Scholz, che mi ha aiutato nella maniera più gentile con consigli preziosi sia durante l'elaborazione di questa ricerca, che durante la correzione.

Freiburg I. Br., 13 aprile 1930

Complementi bibliografici

Gli articoli contenuti in questa antologia presuppongono una qualche familiarità con le principali nozioni della teoria degli insiemi e con le questioni cui la teoria dà origine. Dopo tutto, per poter trattare di un argomento bisogna pur sapere di che cosa si sta parlando!

Ottime introduzioni alla teoria degli insiemi sono [Fr2] e [Ha]. In particolare [Ha] dà un'idea dell'architettura generale della teoria, mentre [Fr2] sviluppa in forma elementare le nozioni principali.

Ad un livello intermedio tra queste prime introduzioni e i veri e propri trattati sistematici si collocano [Fr1], [RK] e [Su]. Questa tappa, però, non è essenziale. Il lettore che si sentisse già sufficientemente interessato all'argomento da non lasciarsi scoraggiare da letture più impegnative può passare direttamente allo studio di un manuale. Una adeguata trattazione manualistica della teoria degli insiemi si può trovare in [Ba], [KM], [Mk] o [Si].

Per circostanze forse sociologicamente interessanti tutti i trattati attualmente esistenti di teoria degli insiemi sono scritti dal punto di vista della concezione astratta. Utili indicazioni su come reinterpretare il materiale in essi contenuto alla luce della concezione platonista, e sul tipo di risultati da aggiungere, si possono trovare in [KK], App. *II, A*.

Passando ora ai risultati metamatematici sulla teoria degli insiemi. non c'è che l'imbarazzo della scelta. La lunga lista delle trattazioni esistenti comprende [Co], [D], [Fl], [Je1], [Jn], [Kv], [Ms2], [Ro], il cap. 9 di [Sh], [TZ1], [TZ2] e [VH]. Per certi aspetti si può consultare utilmente anche [DC], [DJ], [Dr], [Je2], [L].

Per coloro che intendano approfondire la questione degli sviluppi della matematica nel secolo scorso che condussero alla creazione della teoria degli insiemi, segnaliamo [Cv]. Molti degli articoli ormai classici della teoria degli insiemi sono riprodotti nel volume [vH]. Un panorama delle diverse assiomatizzazioni della teoria si può trovare in [Ca], [FBH], [Ht] o [Q].

[Ba] H. Bachmann, *Transfinite Zahlen,* Berlin (Springer-Verlag) 1967, 2ª ediz.

[Be1] P. Bernays, "Sur le platonisme dans les mathématiques", *L'Enseignement mathématique*, vol. 34 (1935), pp. 52-69. Trad. inglese di C. D. Parsons in *Philosophy of Mathematics,* a cura di P. Benacerraf e H. Putnam, Englewood Cliffs, N. J. (Prentice-Hall) 1964, pp. 274-286.

[Be2] P. Bernays, "What do some recent results in set theory suggest?", in *Problems in the Philosophy of Mathematics,* a cura di I. Lakatos, Amsterdam (North-Holland) 1967, pp. 109-117. Trad. ital. di R. Cordeschi in questa antologia, pp. 49-52.

[Bo] G. Boolos, "The iterative conception of set", *The Journal of Philosophy*, vol. 68 (1971), pp. 215-231.

[Ca] E. Casari, *Questioni di filosofia della matematica,* Milano (Feltrinelli) 1964.

[Ce1] C. Cellucci, "Skolem's paradox and platonism", *Critica,* vol. 4 (1970), pp. 43-54.

[Ce2] C. Cellucci, "Concezioni di insiemi", *Rivista di Filosofia,* vol. 62 (1971), pp. 123-154.

[Ce3] C. Cellucci, "On the role of reducibility principles", *Synthese,* vol. 27 (1974), pp. 93-110.

[Co] P. J. Cohen, *Set theory and the continuum hypothesis,* New York (Benjamin) 1966. Trad. it. di G. Lolli, Milano (Feltrinelli) 1973.

[Cv] J. Cavaillès, *Philosophie mathématique,* Paris (Hermann) 1962.

[D] K. Devlin, *Aspects of constructibility*, Berlin (Springer-Verlag) 1973.

[DC] M. L. Dalla Chiara Scabia, *Modelli sintattici e semantici delle teorie elementari*, Milano (Feltrinelli) 1968.

[DJ] K. J. Devlin & H. Johnsbraten, *The Souslin problem*, Berlin (Spinger-Verlag) 1974.

[Dr] F. R. Drake, *Set theory*, Amsterdam (North-Holland) 1974.

[FBH] A. A. Fraenkel, Y. Bar-Hillel, A. Levy & D. van Dalen, *Fondations of set theory*, Amsterdam (North-Holland) 1973.

[Fe] S. Feferman, "Set-theoretical foundations of category theory", in *Reports of the Midwest Category Seminar III,* a cura di S. Mac Lane, Berlin (Springer-Verlag) 1969, pp. 201-247.

[Fl] U. Felgner, *Models of ZF-set theory,* Berlin (Springer-Verlag) 1971.

[Fr1] A. A. Fraenkel, *Abstract set theory,* Amsterdam (North-Holland) 1961.

[Fr2] A. A. Fraenkel, *Mengenlehre und Logik,* Berlin (Dunker & Humblot) 1968, 2ª ediz. Trad. ital. di M. Marfurt, Roma (Ubaldini) 1970.

[Ge1] G. Gentzen, "Der Unendlichkeitsbegriff in der Mathematik", *Semester-Berichte, Münster in/W.*, 9° semestre, 1936-37, pp. 65-80. Trad. inglese di M. E. Szabo in *The Collected Papers of Gerhard Gentzen*, a cura di M. E. Szabo, Amsterdam (North-Holland) 1969, pp. 223-233.

[Ge2] G. Gentzen, "Die gegenwärtige Lage in der mathematischen Grundlagenforschung", *Forschungen zur Logik und zur Grundlegung der exakten Wissenschaften*, nuova serie, N. 4, Leipzig (Hirzel) 1938, pp. 5-18. Trad. inglese di M. E. Szabo in *The Collected Papers of Gerhard Gentzen*, cit., pp. 234-251.

[Go1] K. Gödel, "Russell's mathematical logic", in *The Philosophy of Bertrand Russell*, a cura di P. A. Schilpp, Evanston, Ill. (Northwestern University Press) 1944, pp. 123-153. Trad. ital. di F. Gana in *La filosofia della matematica*, a cura di C. Cellucci, Bari (Laterza) 1967, pp. 81-112.

[Go2] K. Gödel, "What is Cantor's continuum problem?", in *Philosophy of Mathematics*, cit., pp. 258-273. Trad. ital. di C. Cellucci in *La filosofia della matematica*, cit., pp. 113-136.

[Go3] K. Gödel, "Remarks before the Princeton Bicentennial Conference on Problems in Mathematics", in *The Undecidable*, a cura di M. Davis, Hewlett, N. Y. (Raven Press) 1965, pp. 84-88. Trad. ital. di C. Cellucci in *La filosofia della matematica*, cit., pp. 137-141.

[Ha] P. R. Halmos, *Naive set theory*, Princeton (Van Nostrand) 1960. Trad. ital. di M. L. Vesentini Ottolenghi e E. Vesentini, Milano (Feltrinelli) 1970.

[Ht] W. S. Hatcher, *Foundations of mathematics*, Philadelfia (Saunders) 1968. Trad. ital. di M. L. Dalla Chiara Scabia, Torino (Boringhieri) 1973

[Je1] T. J. Jech, *Lectures in set theory*, Berlin (Springer-Verlag) 1971. 1967.

[Je2] T. J. Jech ,*The axiom of choice*, Amsterdam (North-Holland) 1973.

[Jn] R. B. Jensen, *Modelle der Mengenlehre*, Berlin (Springer-Verlag) 1967.

[K1] G. Kreisel, "Hilbert's programme", in *Philosophy of Mathematics*, cit., pp. 157-180. Trad. ital. di C. Cellucci in *La filosofia della matematica*, cit., pp. 185-221.

[K2] G. Kreisel, "Informal rigour and completeness proofs", in *Problems in the Philosophy of Mathematics*, cit., pp. 138-171. Trad. ital. di R. Cordeschi in questa antologia, pp. 59-93.

[K3] G. Kreisel, "Mathematical logic: what has it done for the philosophy of mathematics?", in *Bertrand Russell, Philosopher of the Century*, a cura di R. Schoenman, London (Allen & Unwin) 1967, pp. 201-272, 315-316.

[K4] G. Kreisel, "A survey of proof theory", *The Journal of Symbolic Logic*, vol. 33 (1968), pp. 321-388.

[K5] G. Kreisel, "Two notes on the foundations of set-theory", *Dialectica*, vol. 23 (1969), pp. 93-114. Trad. ital. di M. Capozzi in questa antologia, pp. 97-120.

[KK] G. Kreisel & J. L. Krivine, *Elements of mathematical logic: model theory*, Amsterdam (North-Holland) 1967.

[KM] K. Kuratowski & A. Mostowski, *Set theory*, Warszawa (PWN) e Amsterdam (North-Holland) 1968.

[Kv] J. L. Krivine, *Théorie axiomatique des ensembles*, Paris (Presses Universitaires de France) 1969.

[L] G. Lolli, *Teoria assiomatica degli insiemi*, Torino (Boringhieri) 1974.

[Mg] R. Montague, "Set theory and higher order logic", in *Formal systems and recursive functions*, a cura di J. N. Crossley e M.A.E. Dummett, Amsterdam (North-Holland) 1964, pp. 131-148. Trad. ital. di M. Marfurt in questa antologia, pp.

[Mk] J. D. Monk, *Introduction to set theory*, New York (McGraw-Hill) 1969. Trad. ital. di M. Cingoli Alleva, Torino (Boringhieri) 1972.

[Ms1] A. Mostowski, "Recent results in set theory", in *Problems in the Philosophy of Mathematics*, cit., pp. 82-108. Trad. ital. di R. Cordeschi in questa antologia, pp. 21-32.

[Ms2] A. Mostowski, *Constructible sets with applications*, Warszawa (PWN) e Amsterdam (North-Holland) 1969.

[Q] W. V. Quine, *Set theory and its logic*, Cambridge, Mass. (Harvard University Press) 1963.

[Re1] M. D. Resnik, "On Skolem's paradox", *The Journal of Philosophy*, vol. 63 (1966), pp. 425-438.

[Re2] M. D. Resnik, "More on Skolem's paradox" *Noûs*, vol. 3 (1969), pp. 185-196.

[RK] B. Rotman & G. T. Kneebone, *The theory of sets and transfinite numbers*, London (Oldbourne) 1966.

[Ro] J. B. Rosser, *Simplified independence proofs. Boolean valued models of set theory*, New York (Academic Press) 1969.

[Sc] D. Scott, "A proof of the independence of the continuum hypothesis", *Mathematical Systems Theory*, vol. 1 (1967), pp. 89-111.

[Sh] J. R. Shoenfield, *Mathematical logic*, Reading, Mass. (Addison--Wesley) 1967.

[Si] W. Sierpinski, *Cardinal and ordinal numbers*, Warszawa (PWN) 1965, 2ª ediz.

[Sk] T. Skolem, "Einige Bemerkungen zur axiomatischen Begründung der Mengenlehre", *Wissenschaftliche Vorträge gehalten auf dem Fünften Kongress der Skandinavischen Mathematiker in Helsing-*

fors vom 4. bis 7. Juli 1922, Helsingfors 1923, pp. 217-232. Trad. ital. di R. Cordeschi in questa antologia, pp. 159-174.

[Su] P. Suppes, *Axiomatic set theory*, New York (Van Nostrand) 1960.

[Th] W. J. Thomas, "Platonism and the Skolem paradox", *Analysis*, vol. 28 (1968), pp. 193-196.

[TZ1] G. Takeuti & W. M. Zaring, *Introduction to axiomatic set theory*, Berlin (Springer-Verlag) 1970.

[TZ2] G. Takeuti & W. M. Zaring, *Axiomatic set theory*, Berlin (Springer-Verlag) 1973.

[U] J. S. Ullian, "Is any set theory true?", *Philosophy of Science*, vol. 36 (1969), pp. 271-279. Trad. ital. di M. Capozzi in questa antologia, pp. 123-135.

[vH] J. van Heijenoort (a cura di), *From Frege to Gödel. A source book in mathematical logic 1879-1931*, Cambridge, Mass. (Harvard University Press) 1967.

[VH] P. Vopěnka & P. Hájek, *The theory of semisets*, Amsterdam (North-Holland) 1972.

[Z] E. Zermelo, "Über Grenzzahlen und Mengenbereiche", *Fundamenta Mathematicae*, vol. 16 (1930), pp. 29-47. Trad. ital. di U. Volli in questa antologia, pp. 177-195.

Questa edizione è stata impressa
dalla Milanostampa - Farigliano (CN)
nel mese di marzo 1979